ト

JN119139

石への憧憬 ～神々よ そして大空よ

アメリカ ネバダ州 ドライ・クリーク産

# はじめに

世界中の人々の間で、トルコ石は例外なく"天の宝石"と考えられてきた。おそらく最初は、自然崇拝の感覚で神聖なものとして取り扱われたと考えられ、天の精霊に捧げるという形で身に着けていたとされる。しかし民族によっていくぶん宗教観の違いはあった様だ。

この宝石はその量を問わなければ、世界中の多くの場所で産出するが、中東、アジア、そして南米大陸はこの宝石の主産地として知られている。

古来そこに住む人々は、その石の中には天上の神々の力が宿っていると考えていて、この宝石を持つことで永遠の生命を与えられると信じた。

そしてこの宝石を身に着けてさえいれば、自身に変調が近づいた時には石の色を変化させ、その危機を知らせてくれると信じて護符として使ったのである。

その様なパワーを秘めていると信じた宝石であるから、そのパステル調の青い色は古代の文明では人々に愛され、エジプト、アステカ、ペルシャ、メソポタミア、インダス、そして古代中国で、護符の意味が強いアクセサリーとして時の統治者や為政者達を飾ってきた。

欧米ではトルコ石は悠久の歴史があり、その色から古代の人々にとってはかなり霊的な物体として受け入れられた。その大空の色を映し込んだかの様な色は、原始宗教を生むには格好な物質であったと考えられ、超自然的(スピリチュアル spiritual)なイメージで捉えられ、聖なる儀式に使われた。

"聖霊よ、そして空よ魂よ"という叫びを重ねて、トルコ石は超自然世界の石として認められていく。大陸はこの石を形成するに相応しい場所であった。その大地の中でこの石の大きな産地に居住した民族は、トルコ石を守護石として使って壮大な歴史を作ってきた。

しかし日本の様なトルコ石の産出場所を持たない民族にとっては感性の異なる宝石であったと言え、日本でこの宝石が一般の人々に知られる様になったのは昭和に入ってからと、その歴史は圧倒的に新しいのである。この宝石の生のものを知らなかったという事も根底にあるとはいえるものの、当時の日本に輸入されていたトルコ石のほとんどは、軟質の原石に合成樹脂を浸透させたものや、着色を加えた処理石だった。

その様なものがあまりに多く流通する中で、日本でも宝石の鑑別という事業が生まれ、その事実が明らかとなった。その結果、日本人のトルコ石離れが起こる。しかしそのおよそ32年後の平成16年頃から、合成樹脂を含浸していないトルコ石に人気が集中して、非含浸をうたったアメリカ産のトルコ石が一気に流通した。その先陣を切ったのはアメリカ南西部にあるスリーピング・ビューティという鉱山から産出されたトルコ石だった。

その鉱山は現代に於いて安定した産出量がある事からマーケットに十分な量の原石を供給できたのだが、そこともすでに産出量は減っていて、今やスリーピング・ビューティの名は良質のトルコ石の代名詞として使われている。他の鉱山から産出された石がその名前を使い、いわゆる"名前借り状態"で流通量をまかなっている。

しかしトルコ石を産する場所は、アメリカの歴史よりもはるかに古いイランや中国にも多くの鉱山がある。したがってこの宝石の姿を正しく知らなくては、トルコ石の真の魅力は見えてこない。

# 目次

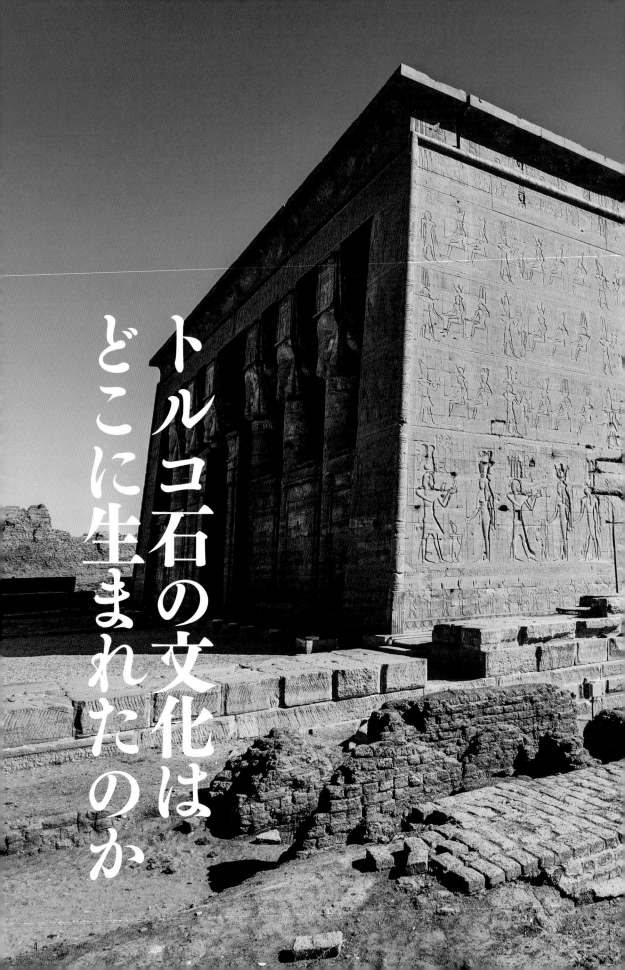

トルコ石の文化はどこに生まれたのか

# I：トルコ石の魅力の歴史

デンデラ、ハトホル神殿（エジプト）

## トルコ石の発見

　トルコ石は、ラピス・ラズリ、ジェード、そして珊瑚と共に、人類が最初に魅了されたと考えられている宝石の1つである。

　悠久の歴史をもち、古代にメソポタミアと呼ばれていた地域からは紀元前5000年頃に作られたトルコ石のビーズが発見されている。

　メソポタミアの東北部から今のアフガニスタンやトルクメニスタンの地域は遊牧系のイラン人が活動していた場所で、特にアルメニアにかけての一帯は紀元前からトルコ石の主要な産地として知られていた。

　ササン朝のペルシャはこの地域を支配し、シナイ半島から（現在のイランの）アルメニア山にあるトルコ石の産地を統括して多くの石を採掘していた。

シナイ半島では、紀元前 3000 年の頃にエジプト第 1 王朝が誕生する以前からトルコ石が採掘されていた。

古代エジプト王朝の支配者達はトルコ石をことのほか好んで、神オシリスとイシスに捧げる聖石にトルコ石を使っていた。世界最古級のトルコ石の装飾品の多くがエジプトから出土している。当時採掘に従事していた現地の Monitu 人（モニッツ）は、その地を「カライスの国（トルコ石の国）」と呼んでいた。シナイの地には半島の南端に 6 か所の鉱山が集中しており、その中で歴史上もっとも重要だったのは「セラビト・エル・カジム」と「ワジ・マガレ」という鉱山である。双方はトルコ石の鉱山としては最古のもので、セラビト・エル・カジム鉱山はハトホルの神殿からたった 4km の場所にあった。

**参考** ハトホルの神殿の正式名称は「デンダラ・ハトホル神殿」。クレオパトラのレリーフが残る事で知られている。ハトホルは "愛と喜びの女神" で、その名前の通りハトホルの女神に捧げられる為に建造された神殿である。プトレマイオス朝時代の建造物で、裏手には小さなイシス神殿もあり、コプト教会等も隣接している。

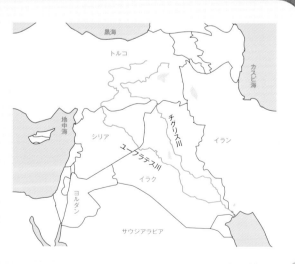

 column 01

メソポタミア（Mesopotamia）という名称は、ギリシャ語で "川の間の土地" を意味している。チグリス川とユーフラテス川に挟まれた地域をいうが、広義では北西はトルコの山岳地帯から南東はペルシャ湾までをいい、狭義では両河川が最も近づく現イラク共和国の首都バグダッドを境にして、北をアッシリア、南をバビロニアと呼んだ地域をいう。紀元前 4500 年頃から、南部ではエリドゥ、ウバイドの文化が、北部ではハッスーナ、サーマッラー、ハラフの文化が栄えた。

古代のエジプト人は、天空は死後に魂が永遠の命を得られる場所だと考えていたから、天空の魂が宿った石と信じたトルコ石を身近に置いておけば、例え死後に自身の魂が地上でさ迷う事がなく、蘇りで永遠の命を授かる事ができると信じたのである。

そこでエジプト人はさらなる工夫を加えたと考えられている。

大空の神の化身のトルコ石と、さらにその奥の天界の化身であるラピス・ラズリ、さらには天界から授けられた"血"を象徴する赤い素材(カーネリアンや珊瑚)を使って魂を守ろうとしたのである。

以来エジプト人は何千年もの長きにわたってこの石を"守り石"として使い、ミイラを作るときには、トルコ石を額の上に置いて包帯で巻き防腐の布で包んだ。

彼らはこの石が、旅をする時には危険を察知して自分を怪我から守ってくれると信じ、必ずトルコ石を護符として携行していた。だから"来世に運ばれていく死者の魂に危険がせまらない様に"と願って遺体に添えて墓に納めたのである。

同時にこの石を持つと幸運が得られ成功が保証されると考え、現世にあっては石の力を借りて勇気と決断力を授かれると信じて宝飾品（護符）として常に身近に置いてきた。

1900年に発掘された王妃ゼルの墓からは、トルコ石をゴールドで飾ったブレスレットが手首に着けた状態で発見されている。

そのシナイ半島やイランのトルコ石は、13世紀に入ると十字軍によってヨーロッパ世界にもたらされた。十字軍の兵士達がこの石を護符として使ったからである。

彼らは古くからの交易路(シルクロード)を通ってヨーロッパに入ったが、やはりその道を使っていた騎馬民族や駱駝の商隊がトルコ石を護符としていた慣習に倣ったのである。

しかし、トルコ石が伝えられた地では乗馬をする男性には人気を博したものの、宝飾品としては重要なものとはならなかった。カトリック教会の力が低下していたからだが、多くの宝石種の中にあってトルコ石はヨーロッパという文化圏の中では根付かなかった。したがって教会以外の場所でトルコ石が宝飾品として使われる様になる時を待たねばならなかった。

**参考** 17世紀になって、皇帝ルドルフ2世の専属医師のアンセルムス・デ・ブート自身が、父から贈られたトルコ石のおかげで、落馬事故から自らの命を救われたと記している。

---

## column 02

ツタンカーメン王の墓を発見したのは、イギリスの考古学者「ハワード・カーター Howard Carter(1874年5月9日−1939年3月2日)」だが、その墓の発掘に従事した人達が次々と亡くなった事で王家の呪いだという噂が広まった。

多くの映画の題材にもなったが、実はその偉業にあやかった話題づくりの完全なデッチ上げであった。調査隊の中ですぐに亡くなったのは1人だけで、その1人も墓の中で生き続けていたウィルスに感染したか、石室の中に充満していたガスが原因であったと考えられている。

ハワード・カーター

19 世紀の中頃から 20 世紀の初めにかけて、フランスやイギリスの考古学調査隊がツタンカーメン王の墓を含むエジプトの遺跡の調査を行なった。その発掘の成果がヨーロッパ世界の大衆の関心を大いに集める事となり、それまでになくトルコ石やラピス・ラズリの人気が高まった。そればかりか、当時の宝石観だけでなく、建築や芸術の世界にまで大きな影響を与えた。

20 世紀に入るとトルコ石のブームが何度か訪れる。

1960 年代から 70 年代にかけてトルコ石の人気が特別高騰し、その時アメリカのネバダ州はその全土がトルコ石探索の対象となった。

以来アメリカでは変わらずトルコ石の人気が高く需要も多いが、鉱山はどこも小さなものばかりで、多くは家内鉱業規模なものに過ぎない。数人程度の作業者で稼鉱している為、アメリカ産トルコ石の供給は需要に追い付けず、値上がりが著しくなって、中には海外、特にオーストラリアや中国から輸入されたものも多くある。

# トルコ石という
# 名前の誕生

　人類が採掘したと考えられている最も古いトルコ石の鉱脈が現在のイランのホラサーン州にある。

　そこは9世紀以来トルコ系の王朝が興亡を繰り返した場所で、その周辺はかつてそこがペルシャと呼ばれていた時代からトルコ石の主要な産地として知られていた。ペルシャの人々はかなり遥かな昔からトルコ石を『フィルス Firuse』という名前で呼んでいたが、それは後の時代になって『フェロザー Ferozah』という呼び名に変わった。その言葉には"勝利"という意味があり、彼らはトルコ石の色を通して天の神々の力に加護を望んだのである。

　ほぼ同じ頃、エジプトの人々はこの石を『マカート Majkat』と呼んでいた。その神聖な色の石が銅を掘っていた鉱山から副産物的に発見されたからで、マカートという古語はその石の産出場所の代名詞となったのである。

　やがてそのマカートという呼び名は、貴重な金属銅が得られる「マラカイト（孔雀石）鉱石」の方にもっぱら使われる様になり、エジプトの王達はこの石を"美しい石"という意味で、有翼の英雄『カライス Kalais』の名で呼ぶ様になった。

　カライスはゼーテース（Zētēs）と共にギリシャ神話に登場している有翼の背をもつ伝説上の英雄神で、ペルシャ人もエジプトの人々も共にその水色の石を通して神々の加護を求めていたのである。

　そんな歴史の中で、双方の場所から採掘されたトルコ石の一部は商材としてヨーロッパ諸国の王族のもとにも持ち込まれて

いた。鉱山のある場所は実質的にトルコ人が支配していた地域であったから、当然の事、商人もトルコ人である。

　商人はエジプトやイランで採掘された石を"はるばる東の方（オリエント世界）から運んで来た"と言って売っただろう。したがってヨーロッパの人々はその石がトルコで産出したものと思い込んで、その宝石は自然に"トルコの（国の）石"と呼ばれる様になったのである。

　オリエントとは、シナイ半島やペルシャの産地、アリメルサイ山周辺の砂漠の事だったのである。

column 03

　そもそもトルコ石という名前は"トルコの石"を意味する古フランス語の「ピエール・テュルクワーズ Pierre turquoise」から来ている。

　したがって当時の人々がこの宝石をトルコから産出したものだと思い込んだのも当然の事だが、実際にはトルコの国からこの宝石はまったく産出していないのである。

# 世界に広がった
# トルコ石の名前

　ヨーロッパでは、13世紀を迎えた頃にトルコ石（ターコイズ）という名前がようやく一般化する。それまではローマ時代以来呼ばれてきたカライスという名前が使われていたが、その間には「オリエンタル・ターコイズ Oriental turquoise」という名前を始めとして、いくつかの名前が使われていた。時を経て、現在はトルコ石という名前が定着したが、では世界の国々ではこの宝石をどう呼んでいるのだろう。

　英語では言うまでもなく「Turquoise ターコイズ、タークォイズ」だが、フランス語では「Turquoise テュルコワーズ、テュルクワーズ」、ドイツ語では「Türkis テュルキス」、イタリア語では「Turchese トゥルケーゼ、トゥルケーセ」、そしてスペイン語では「Turquesa トゥルケッサ」となる。その他、下表のように各国それぞれの綴りから見てもやはりトルコの石という呼び方である。

| 英語 | Turquoise | ターコイズ、タークォイズ |
|---|---|---|
| フランス語 | Turquoise | テュルコワーズ、テュルクワーズ |
| ドイツ語 | Türkis | テュルキス |
| イタリア語 | Turchese | トゥルケーゼ、トゥルケーセ |
| スペイン語 | Turquesa | トゥルケッサ |
| ポルトガル語 | Turquesa | トゥルケーザ |
| オランダ語 | Turquoise | トゥルクワーゼ |
| ラテン語 | Callais、Topazus | カッライス、トパズス |
| 古代ギリシャ語 | Kalais | カライス |
| 現代ギリシャ語 | καλλαις | カライス |
| ロシア語 | Бирюза | ビリュザー |
| 中国語 | 緑松石 Lǜsōngshí | リュイソンシー、リュソンシー |
| 朝鮮語（韓国語） | 터키석 | トッキソク |
| アラビア語 | فيروز | ファイルーズ |
| 日本語 | 土耳古石 | トルコ石 |

column 04

　この宝石が欧米から日本に入ってきた時、英語の発音が "タァールキー" という様に聞こえたという。そこでこの宝石の名前を和訳する時、当時の語学者は「土耳古石」と書いた。"ル" に耳という文字を充てたのは、漢字（中国語）では耳を "アール" と発音するからで、英語発音のタァールキーを "ト" "アール" "コ" と分解して土耳古石という和名になったという訳である。

# 歴史の中でトルコ石は
# どの様に使われたのだろうか！

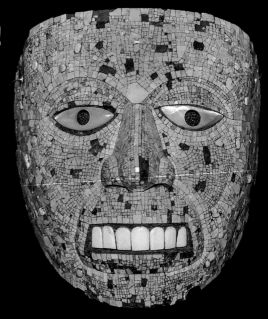

アステカのトルコ石で出来た火の神のマスク
（英国博物館蔵）

トルコ石は西洋では特別に重要な意味をもつ宝石で、特にユダヤ教とキリスト教に於いては共通の聖典に登場してくる。トルコ石は旧約聖書の中の「出エジプト記」の中に登場してくる。ユダヤの高僧が着る法衣（エフォド）に付けた胸板を飾った宝石の1つとしてトルコ石が使われたとされている。

## column 05

胸板といっても今や誰もその実物を見た事はないが、ユダヤ人の史家であるフラビウス・ヨセフスが紀元1世紀に書いた［ユダヤ古代誌］の中に、その形を想像する事ができる。

胸板は高僧が着るアーロンの法衣（エフォド）の胸の位置に付けられたもので、黄金の板で作られ、その上に4列に並べた12種類の宝石が飾られて、それぞれの宝石にはイスラエルの12の部族長の名前が彫られていたという。

多くの学者はその中で第3の列の中の4個の石の中の1番目と2番目のものがトルコ石だと考えているが、中にはその位置に使われている石はヒヤシンス（ジルコン）と瑪瑙だと考える学者もいる。

さらには各石がどの種族を意味しているかに関しても見解が一致していない。

紀元1000年頃になると中国やアメリカ大陸でもこの宝石が使われ始め、世界の複数の民族の間でそれぞれにトルコ石を使った文化が造られていく。

古代のメキシコ文明では、紀元前600年の昔からトルコ石が使われていて、現在のニューメキシコ州で採掘されたトルコ石は、西暦300年頃から交易品としてメキシコへも持ち込まれていた。

サンタフェの郊外にセリロスという最も古い鉱山があり、サントドミンゴやコチティ・プエブロ族の人々によって採掘されていた。この鉱山から採掘されたトルコ石は、マヤ文明の大都市である遠方のチチェン・イツァまでユカタン半島の通商路を通って運ばれて、その多くは熱帯産の美しい鳥の羽と交換されたという。

西暦900年頃のメキシコでは、アステカの人々がトルコ石を発見し、それを使って精巧なモザイクの仮面を作り宇宙の神に捧げている。

中東のイラン（かつてのペルシャ）やエジプトでは、今から6000年前の昔にすでに装飾用に使用する目的でトルコ石が採掘され、天空に住む神々に捧げるという意味で、宇宙観のある宝石「ラピス・ラズリ」と組み合わせて用いられていた。

ペルシャでもエジプトでもトルコ石を身に着けていれば落馬の危険から身を守ってくれると信じていたから、馬に乗るものはこの宝石を使って護符を作り馬具を飾った。

当時はこの宝石は、多くの場所で使われていた。ターバンの飾りや衣服のバックル、そして腕輪が良質のトルコ石を使って作られた。エスファハーンでは、モスクの内壁や外壁をトルコ石やラピス・ラズリで飾られ、石の表面にはしばしば祈祷文が彫られ、そこを金で象眼した。

ペルシャやアラビアではトルコ石の色でそれを身に着けた人の健康が決定され、さらには自身の将来までもが決定されてしまうと考えていたから、良質のトルコ石を入手する事に真剣だったのである。

この装飾の様式は"ペルシャ方式"と呼ばれ、後にムガール帝国が建国されたインドへも伝えられた。

ン）とラピス・ラズリを使って装飾具を飾り立てた。

またトルコ石の色に魅了された**エジプト人は、世界で初めてトルコ石の色を再現した**事でも知られている。王は陶工達にその石を自在に模倣する事を命じ、試行錯誤の末に砂漠の砂と銅の鉱石を使って原始的な釉薬陶器を造りだした。

## column 06

　エジプトでは、「スカラベ（糞ころがし）」はカーネリアンやラピス・ラズリでも作られている。彼らは真っ赤なカーネリアンの色を現世、紺碧のラピス・ラズリを天界にイメージしていた。そして来世（死後の世界）と現世を繋ぐコネクション役としてトルコ石のスカラベで飾った。スカラベは、時にリビア・ガラスを使って作られる事もあった。

　エジプトの宗教心は天空に魂の帰依を求めたものであるから、リビア・ガラスという黄色い色の天然ガラスを使ったのだと考えられている。

プト語である。

スカラベは糞を食料とする糞虫で、動物の糞を球状にして運ぶ習性がある。頭の先端にある突起を使って糞の塊を切り出して、後足で糞を球形に整えながら前足でそこに糞を付け足すという奇妙な動作を続ける。

その糞の球が十分に大きくなると、今度は逆立ちして後足で球を転がし始める。その動作がスカラベに「糞ころがし」という異名を与えたのである。

その球の上に逆立ちする姿を見て、太陽神を仰ぐエジプト人には、スカラベの姿が太陽を掲揚している様に見えたのだろう。

スカラベを天界と地上を繋ぐ使者と考えて、死者の魂の蘇りを託したのである。

ラムセス９世の墓に描かれたスカラベ

チャコキャニオンの遺跡 "プエブロ・ボニート"（アメリカ）

　トルコ石はアメリカの先住民のインディアン（ネイティブ・アメリカン）にとっては特別に神聖なもので、彼らの中にはひとつの伝説があった。

　世界中の空にまだ色がなかった頃、空の奥から金色の巨大な鳥が地上に舞い降り、今のアリゾナの辺りにある青い山の頂上に止まった。鷲の様な姿をしたその鳥は「サンダーバード」という太陽の神が鳥の姿を借りたもので、天界に住んで羽ばたきひとつで雷鳴や稲妻を起こす事ができた。まもなく鳥が羽ばたくと、青い山の色が空中に散って空はみるみる青くなったという。

　以来インディアンの人達は、この石には空の色の元となった魂が宿っているとして大切に扱ってきた。いずれの部族にあっても、この石は自分達に強い運と幸福をもたらしてくれると信じていた。中でもこの石を守護石として重用視したのは、プエブロ、ナバホ、アパッチ族の人々である。

　ナバホ族の中には、この石が空の奥深くから落ちてきたものだという言い伝えもある。トルコ石の中には天空のパワーが宿っていると信じていて、その力が石を身に着けている者を悪魔から守ってくれると考えた。

　彼らはこの石を『スカイ・ストーン（空の石）』という名前で呼び、シャーマンが高い山に登り天に近づき、その場所にトルコ石を粉にして呪文や紋様を描き、さらに体にも祈祷紋を描き、雨乞いや様々な儀式を行なった。

　アパッチ族の人々はこの石を身に着けると射矢の腕が上がると信じ、戦士達は競って自分の弓をトルコ石で飾り立てた。その弓から放たれた矢は必ず的に当たると信じていたからである。

　ズニ族は北アメリカからニューメキシコに居住していた人々で、彼らもこの石を身に着けていると邪悪な力から自身を守ってくれると信じた。

　同様の話は西洋にもあり、トルコ石には持ち主にせまる災厄を知らせる能力が備わっていると信じていた。この石は持ち主

インディアン・ジュエリー

に危険や病魔が近づくとその色を変化させ
たり失ったりして知らせ、さらにはヒビが
入ったり欠けたりして持ち主の身代わりに
なったという。

　その素晴らしいトルコ石は、現在のアメ
リカ合衆国南西部辺りのフォー・コナーズ

という場所に住んでいた先住民族の古代プ
エブロ人（アナサジ族）によって発見され
た。プエブロ人は居住地から砂岩を切り出
し、その地には乏しい木材を遠方から運ん
できて神殿を建てた。

　チャコ・キャニオンという町は西暦 900

## column 07

　ネイティブのアメリカ人の先祖はおよそ 20 ～ 16 万年前に今のアフリカで誕生した。そのホモ・サ
ピエンス達は、そこから北方（ヨーロッパ）へ向かう集団と、東方（アジア）へ向かう集団とに分かれ
旅立ったと考えられている。アメリカ大陸に居住していた先祖達はおよそ 10 万年前に紅海をわたって
アラビア半島にたどり着いた古モンゴロイド系の人類である。今から 2 万年前にユーラシア大陸の東の
端まで到達してアジア人となり、当時氷河でつながっていたベーリング海を徒歩で渡ってアメリカ大陸
へ移動したのである。

　時代は大きく下がり、彼のコロンブスが今のアメリカ大陸を発見するが、上陸した西インド諸島をイ
ンドだと勘違いしていて、そこにいた原住民を "インディオ" と呼んだ。その事から、ネイティブのア
メリカ人をインディアンと呼ぶ事となったのである。

　そのインディアン、かつてはほぼ北米大陸の全土に居住していたが、ヨーロッパ人の入植による開拓
地拡大の影響をもろに受けて、彼らの世界は大きく様変わりしてしまう。決定的となったのは 19 世紀
にアメリカの西部に起こったゴールド・ラッシュである。金を求めて押し寄せた凄まじい数の人間によっ
て先住者達は次第に追いやられ、1880 年代には壊滅状態となった。生き残った部族は居留区に強制的
に押し込められる形となって今に至っている。

年から1150年にかけてプエブロ文化の最大の中心地となったが、その築都の過程で砂岩の中からトルコ石が発見されたのである。以来その一帯の地はトルコ石の一大産出地として栄える事となった。

チャコ・キャニオンの町はトルコ石の交易で潤い、部族の人々はトルコ石の採掘とそれを使った宝飾品の取引で大いに繁栄し、トルコ石はメキシコやアンデス方面へ交易品として運ばれた。

中央アメリカに居住したアステカ族は墓を守る為の護神としてトルコ石を使い、木材ばかりでなく人間の頭蓋骨でも仮面を作った。それは天空の神々に捧げる為のものであり、表面に金を貼り、トルコ石やヒスイを嵌め込んで、さらに水晶、孔雀石、ジェットや珊瑚、貝をモザイクにして飾り立てた。各部族の酋長は大空の精霊を大地に降臨させる儀式を行なう際に、身にその仮面を着けて火の神シウテクトリに捧げ、神の加護をトルコ石やヒスイに求めたのである。

ところで、北アメリカではトルコ石は長い間インディアンの人々によって護符や装身具に仕立てて使われてきた。

彼らの手になる装飾品は今日「インディアン・ジュエリー」と呼ばれていて、銀で作った枠にカボションや平板に磨いた石を嵌め込んで指環や腕輪を作ったものが主になって1つの芸術世界を作っている。しかしそのスタイルは実際には新しい時代（現代）になってからのものである。

1880年頃の事といわれているが、北部

にいた1人の白人の商人がナバホ族のトルコ石の加工職人に銀貨を潰して枠の素材を作る事を教えた。

以来ナバホの職人は銀とトルコ石を上手に組み合わせて使い、傑出した作品を作る事で知られる様になり、その組み合わせはズニ族やサントドミング族にも伝わり、ナバホやズニの職人の中からは優れた作家が生まれてきた。

**参考** 現在北米では4つの部族がトルコ石を素材に使ってアクセサリーを作っている。
彼らはそれぞれ南西部地方の4つの州に居住し、州にまたがって居住する部族もある。ホピ族とナバホ族はアリゾナ州に、ズニ族とサントドミング族はニューメキシコ州に住み、ナバホ族の中にはユタ州とコロラド州にまたがって生活するものもいる。

中国清朝の宮殿を飾っていたより古い時代
のトルコ石のビーズ。おそらくは湖北省の
鉱山から産出されたものと考えられている。

チベット人の手になるイヤリング。大空の色を閉じ込めたトル
コ石と血の滾りを思わせる珊瑚を組み合わせて銀で飾っている。
シルクロードを渡ってきた地中海産の珊瑚と中国のトルコ石が
出合い作られたもの。

　そしてアジアでも、最上の色のトルコ石
には悪魔の視線から持つ者の身を守ってく
れる力があると考えられていた。

　チベットやモンゴルの人々はトルコ石を
彫刻して儀式用の祭具や宝飾品を作った。
中央アジアのサマルカンドの周辺に住む人
たちは、大切な駱駝や馬を守る為の護符を
作っていた。

　中国には3000年以上に及ぶトルコ石の
使用と採掘の歴史がある。殷の時代の遺跡
からトルコ石のモザイクで作られた蝉や蛙
などの彫像が発見されている。蝉や蛙は死
者の魂の蘇りを担う生物と考えられていた
からそれをトルコ石で作ったのである。

　アジアでもトルコ石は赤い石と組み合わ
せて使われてきた。特に珊瑚は天が人間に
与えた"血の滾り"を宿していると信じて
いたから、さらに鮮やかな空の色を宿し
ていると信じたトルコ石と組み合わせて
持つことで最強の力が得られると考えた
のである。

やはりチベット人の手になるもの。ヨーロッパの影響を強く感
じるペンダント。中国産のネット・トルコ石をアフガニスタン
産のルビーが飾る。地金は銀。この装飾品は陸のシルクロード
（オアシス路）を伝わった文化交流が作り上げた作品であること
がわかる。

シルクロードの中継地、タクラマカン砂漠の楼蘭（中華人民共和国）の遺跡で表採された日干しレンガの破片。かつて建物の屋根は、鮮やかなトルコ・ブルーの釉を掛けた瓦で葺かれていたという。発見状態は再現。

青緑釉壺の破片。13世紀頃にシリアで焼かれたものか。釉薬に鉛があった為か、イランの陶器の様な鮮やかなトルコ・ブルーには発色していない。シルクロードを東へ運ばれ敦煌（とんこう／中華人民共和国）から発掘されたもの。表面は銀化して部分的に剥落している。

バーミアーン（現在のアフガニスタン）の遺跡で発掘された青釉鉢（陶器）の破片。アルカリ・ソーダ釉に呈色剤に加えた銅がトルコ・カラーを表している。2世紀にイランで焼かれたものが東に伝えられ現在のアフガニスタンで出土したもの。

　中国には、イランのトルコ石に匹敵する鮮やかなブルーで上質の石も産出するが、緑がかっている石が多い為に、遠くはペルシャからわざわざ輸入して使っていた事実もある。

　またトルコ石の色は人々の生活にも大きな影響を与えている。シルクロードの周辺に住む人々は天の神の力を取り入れようと考えて、空色の上薬をかけた焼き物を作り、日干しレンガの表面をトルコ石の色にした屋根瓦で葺いた家に住んだ。

　これには、エジプトで生まれたファイアンスの技法が伝えられていたと考えられている。そのトルコ・ブルーの色は、時を越えてさらに東方の焼き物にも影響を与えている。

# 日本に於いての
# トルコ石観

　そして日本である。多くの文物が中国や朝鮮半島から海を越えて伝えられた中で、トルコ石だけは伝わらなかった。欧米と日本の宗教観の違いが根底にあった事も原因のひとつと考えられているが、その宝石は我が国ではまったく知られてなく、トルコ石は生活の一部には根付いていなかった。

　トルコ石は、19世紀（明治時代）になって海外（香港）に買い付けに行った日本人宝石商（当時は袋物商と呼ばれた）が他の宝石と共に初めて日本に持ち込んだが、この宝石はあまり好まれなかったという。その時日本人はトルコ石の色をどの様なイメージで見たのだろうか。

　青い色は、緑と赤と共に日本に於ける色彩の基本色であったが、しかし日本の青の色はトルコ石のブルーではなかった。我が国の青の意味はかなり漠然としたもので、幅もかなり広く、古代に於ける青い色は実際には灰色がかった白の事だといわれている。その為か、当時の日本人はトルコ・ブルーの色をあまり好まなかったと考えられる。

　したがって多くの日本人がこの宝石を知る様になるのはさらに後の事だった。1912年になってアメリカの宝石業者により制定されたバースストーン（誕生石）という形式の中でトルコ石は12月の加護石に指定されたが、その形式が日本にも移入されてからの事である。

◉バースストーン

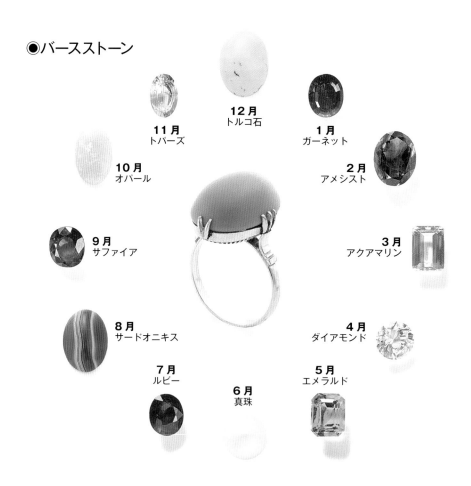

11月
トパーズ

12月
トルコ石

1月
ガーネット

10月
オパール

2月
アメシスト

9月
サファイア

3月
アクアマリン

8月
サードオニキス

4月
ダイアモンド

7月
ルビー

6月
真珠

5月
エメラルド

# Ⅱ：世界のトルコ石
## トルコ石の産地

　現在トルコ石を産出する国として広く知られているのはイランとアメリカである。そして宝石の歴史を学ぶにつれ、エジプトを始めとして中国の名前が登場してくる。この宝石の科学が解明され宝飾の世界にもメスを入れて見ると、アメリカの隣のメキシコを始めとして、イギリスやロシア、ドイツのザクセン、シレジア、トルキスタンからも、更にはブラジル、オーストラリア、チリ、タンザニア、グアテマラ、アフガニスタン、そしてスーダンにもトルコ石の産出が確認できる。

　じつは日本にもトルコ石を産出する場所がある。標本石程度のものではあるが、かつて栃木県今市市の文挟鉱山から薄い被膜状のトルコ石が産出された。写真の石がそれである。

# イラン・イスラム共和国

　少なくとも 2000 年以上にわたってペルシャとして知られていた地域で、トルコ石を産する大きな場所が 2 つある。

　北東部の旧ホラサーン州のバリマデン地区ニシャプール市北西のマダンの北には特に有名な鉱山が集まっている。もう 1 つの場所は、南部ケルマーン州のイブリスやヤズドの町の近くに鉱脈がある。

　トルコ石は花崗斑岩や石英斑岩の中にある銅の鉱床の中に形成されていて、銅や鉄を採掘している過程で副産物的に発見される。

　著名な鉱山は「アブイスハギ」や「ガレザグ」、そして「ガレアブデュル・ラッサギ」を始めとして「アブデュルレッサギ」や「アフメディ」「ダリクフ」そして「アリー・ミールザイー」があり、そこから何世紀にも渡ってトルコ石が採掘されて、ヨーロッパ世界にこの宝石が運ばれた。

　しかしそのわりに、イランのトルコ石はアメリカのトルコ石の様に、それを産出した鉱山の名前が表にでてこない。これは国が自治体の採掘を支配していたからで、産出する鉱山の価値よりも、全体のレベルで品質や色を等級付けしていたからである。

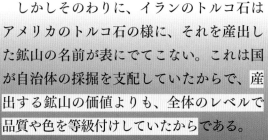

## エジプト・アラブ共和国
### （シナイ半島）

　シナイ半島では、トルコ石は玄武岩に覆われた砂岩の中にあって、砂岩層に貫入した玄武岩との接触部に形成されている。

　この地域には数箇所の鉱山があるが現在では産出量が低下して採算が取れない為に、細々とベドウィンが採掘を続けているだけである。

## アメリカ合衆国

　アメリカの南西部に集中してトルコ石の鉱山がある。アリゾナ州、カリフォルニア州、コロラド州、ネバダ州、ニューメキシコ州の砂漠地帯には、砂岩などの堆積岩の中に（斑岩などの）火成岩が貫入した場所があり、トルコ石はそこに形成されている銅の鉱床の中から見つかる。

　トルコ石は特に断層帯に多く発見され、常に長石の分解物と硫化銅の風化生成物や「アルナイト（明礬石）」を伴っている。

　また断層帯の鉱化作用は金や重晶石の鉱床を形成するので、トルコ石を採掘し尽くして廃棄された古い鉱山が後に金やバリウムの鉱山として再開発される事も珍しくない。

　先住民（インディアン）は古代からこの石を知っていて採掘をしていたが、1870年代になって入植してきたヨーロッパ人によって、南西部のトルコ石が世界に知られる事になった。

　最初の鉱山はネバダ州に入植してきたイギリス人によって知られたが、そこはプエブロ人の祖先であるアナサジ族の人々が住んでいた場所で、彼らはトルコ石を使って首飾りや祭祀用の装飾品を作っていた。

　以後各州のトルコ石は入植者達によって産出の場所が次々と知られヨーロッパに運ばれて、19世紀のヴィクトリア時代にはブルーの宝石素材として使われた。アメリカでは1837年に創業したティファニー社がニューメキシコ州のトルコ石の鉱山を所有して、美しい装飾品を作りこの宝石の人気を高めて行った。

　スペインの芸術家サルバドール・ダリ（1904年－1989年）も、トルコ石を作品に使いこの宝石の魅力を更に引き上げた。

　19世紀から20世紀にかけてトルコ石はヨーロッパやアメリカの宝石界で大きなブームとなりトルコ石を多く埋蔵しているアメリカに世界中の目が集まるきっかけをつくった。さらにネバダ州のランダー郡では新たな鉱山が発見されて、ますます原石の価格は高騰していく。

　しかしアメリカの鉱山は家内工業的に採掘する規模のものであったので採掘すればするほど鉱山主の苦痛となり、かつては100か所に及ぶ鉱山が存在していたが、次第にその数を減らしていく。ヨーロッパのトルコ石ブームが大きく影響を与えたからだが、今日では環境法の規制がかつてないほどに厳しくなったという事も加わった。閉山時に埋めなおす等のリスクが

大きくなり、生産量を考えると閉山を余儀なくされ、ビュイロン、カッパー・ベジン（ブルー・ジェム・マイン）、コルテス等、過去に知られた有名な鉱山の多くはすでに閉山状態にある。

　アメリカ全体での産出量は著しく低下したが、それでもネバダ州は現在もっとも多くの鉱山を有し最大の産出量を誇っている。

　ネバダ州のトルコ石には褐鉄鉱で出来た褐色や黒色の網目模様のある石が多く見られる。「スパイダー・ウェブ（蜘蛛の巣）」と表現されるが、ヨーロッパ人の好みと比べるとアメリカではスパイダー・ウェブは価値あるものとされて、それが入っていないトルコ石は価格も安い傾向にあるが、その背景には、良質のトルコ石が多くヨーロッパ市場に流れてしまい、良質の石が残らなかったという事情もある様だ。

　アメリカのトルコ石の世界でもっとも価格の高いトルコ石とされるのが、ネバダ州で採掘される細かなスパイダー・ウェブの入った濃色の「ランダー・ブルー」である。ネバダ州のトルコ石は硬質のものが多い事でも知られる。トルコ石が形成された後で

珪酸分を多く含んだ熱水が新たに作用した為で、その硬質さが手伝って個性的な美しさをもつ石がある。それらには、特別なブランド名が付けられているものが多く、ランダー、ナンバー・エイト、キャリコ・レイク、レッド・マウンテン、ローン・マウンテン、パイロット・マウンテン、アジャックス、イースター・ブルーという名前が知られる。

「ロイストン」という商標名のトルコ石は宝石業界では有名だが、第二次世界大戦後にアメリカのティファニー社が自社のブランド名として使ったものである。しかし実際に使われていたのはナイ郡にある複数の鉱山に産する石であった。

さらにネバダ州の鉱山は色のバリエーションが多いトルコ石を産出する事でも知られている。中でもランダー郡にあるキャリコ・レイク鉱山は特殊な石を産出する事

で、アメリカではもっとも有名な鉱山の1つである。この場所はトルコ石ラッシュの時に、干上がった湖の底から発見された。

ここからは多くの亜鉛（Zn）分を含んで緑色味の強い石が多く産出される。俗に"ネオン・カラー"と表現される明るいアップル・グリーンや強い黄緑色のトルコ石があり、時に肉眼ではガスペイトと区別の付けられないものもある。中には鉱物的にファウスタイト（ファウスト石）に属するものもある。

## column 08

洋の東西で比較すると、トルコ石の好みには大きな違いがあり、ヨーロッパでは褐鉄鉱のネットは元来が好まれなかった。そのネット・トルコ石をもっとも価値あるものとしたのは、ピカソとともにキュビズムを完成させたフランスの画家ジョルジュ・ブラック（1882 － 1963）である。彼はネバダ州のネット・トルコ石を飛ぶ鳥のバックの雲として使い、この石の本来気付かれていなかった魅力の側面を最大に引き出した。

以来、スパイダー・ウェブ・ターコイズは、アメリカでは大きく価値あるものとなり、それが入っていないトルコ石の方が価格も安い傾向におかれる様になる。

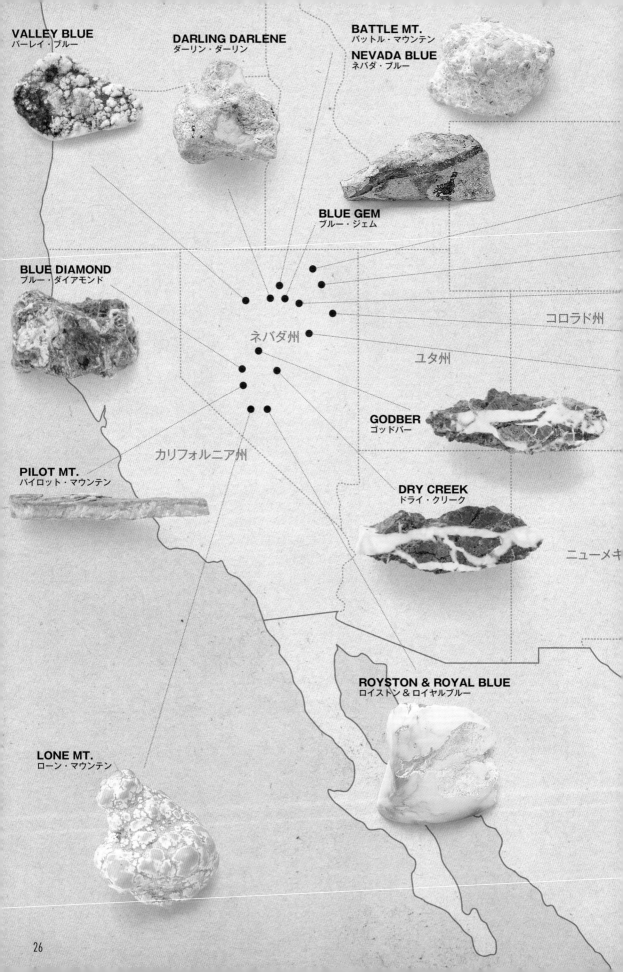

**VALLEY BLUE**
バーレイ・ブルー

**DARLING DARLENE**
ダーリン・ダーリン

**BATTLE MT.**
バットル・マウンテン

**NEVADA BLUE**
ネバダ・ブルー

**BLUE GEM**
ブルー・ジェム

**BLUE DIAMOND**
ブルー・ダイアモンド

コロラド州

ネバダ州

ユタ州

**GODBER**
ゴッドバー

カリフォルニア州

**PILOT MT.**
パイロット・マウンテン

**DRY CREEK**
ドライ・クリーク

ニューメキ

**ROYSTON & ROYAL BLUE**
ロイストン＆ロイヤルブルー

**LONE MT.**
ローン・マウンテン

STORMY MTN.
ストーミィ・マウンテン

#8
ナンバー・エイト

FOX
フォックス

RED MT.
レッド・マウンテン

CARICO LAKE
キャリコ・レイク

## ▶ネバダ州

この州のトルコ石は硬質のものが多い事で知られている。これはトルコ石の形成後に珪酸分を多く含んだ熱水がトルコ石に作用して珪化した為である。

ネバダでは、褐色や黒色の「スパイダー・ウェブ（蜘蛛の巣）」と表現される褐鉄鉱の網目模様の入っている石が多く産出される。スパイダー・ウェブの価値観はヨーロッパのそれとは違い美しい模様をもつ石はもっとも価値あるものとされていて、それが入っていないトルコ石は価格も低く評価される傾向にある様だ。

もっとも価格の高いトルコ石とされるのが、ランダーから産出される細かなスパイダー・ウェブの入った濃色の「ランダー・ブルー」である。

この州にはかつては100か所に及ぶ鉱山が存在していた。ランダー、ナンバー・エイト、キャリコ・レイク、レッド・マウンテン、ローン・マウンテン、パイロット・マウンテン、アジャックス、イースター・ブルーという有名な鉱山があったが、それらも大半は枯渇状態にある。

とは言えネバダ州は現在でももっとも多くの鉱山があり、最大の産出量を誇り特別なブランド名が付けられているものが多くある。なかでも「ロイストン」という商標名の石はティファニー社が自社ブランドとして使った事で知られている。しかし実際に使われたのはナイ郡の複数の鉱山に産する石だったと言われる。しかしティファニー社が実際にトルコ石の鉱山を所有していた証拠はなく、ティファニーの名前はマーケティングの為に使われたのである。トルコ石の人気は高くなり、一時期に集中して採掘された為、良質のトルコ石は歴史の中から姿を消した。

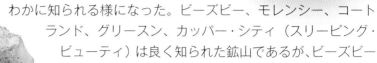

### ▶アリゾナ州

この州も価値の高いトルコ石を産出する事で知られている。多く
が銅鉱石の副産物として採取されて、「ビーズビー・ブルー」の
名前で呼ばれる鮮やかなブルーのトルコ石はその一例であるが、最
近ではスリーピング・ビューティの名前が日本のマーケットの中でに

わかに知られる様になった。ビーズビー、モレンシー、コート
ランド、グリースン、カッパー・シティ（スリーピング・
ビューティ）は良く知られた鉱山であるが、ビーズビー
もまた茶色や黒色の褐鉄鉱のネット模様をもつ、美し
いスパイダー・ウェブを産した。

### ▶コロラド州

コネホス、エルパソ、レイク及びサガチェ郡に著名な鉱
山がある。キング、リードビル、クリード、ビラ・グロー
ブ、ホリー・クロス、セイント・ケビンという鉱山からは、
硬質の砂泥岩中に形成された良質のトルコ石が発見され
ている。

### ▶ニューメキシコ州

セリリョス・ヒルズという場所に最も古いトルコ石の鉱
山があり、19世紀の終わり頃には、アメリカのティファ
ニー社がタイロンの石を「ティファニー・ターコイズ」
という名でマーケットに流通させた事で知られている。
“ティファニー・ブルー”の名前は有名だが、エディー、グ
ラント、オテロ及びサンタフェ郡には著名な鉱山群があった。ア
メリカのトルコ石が多くのジュエラーの知るところとなると、歴史上では
アメリカ産よりも有名なペルシャ産のターコイズ、“ペルシャン・ターコイズ”のブルーの影響
を受けて、それらの鉱山から採掘される良質のトルコ石もまたティファニーのブランド名で呼
ばれる様になった。この流れを作ったのは、東部に移住してきたヨーロッパ系の移民の影響が
大きいと考えられている。
しかしブアロ・マウンテン（アズル・マイン）、ユーレカ、オロ・グランデ、ビュイロン、カッパー・
ベジン（ブルー・ジェム・マイン）、コルテス等、良質の原石を産出した多くの鉱山はすでに閉
山して、そこから産出した石を市場で目にする機会は少ない。

### ▶カリフォルニア州

カリフォルニア州には、サンバーナーディノ、インペリアル及びイ
ンヨー郡に鉱山があるが、アパッチ渓谷にある一か所だけが商業的
な規模で操業されている。しかしほとんどが小さなサイズで、砂岩
の割れ目を充填した状態で発見されている。

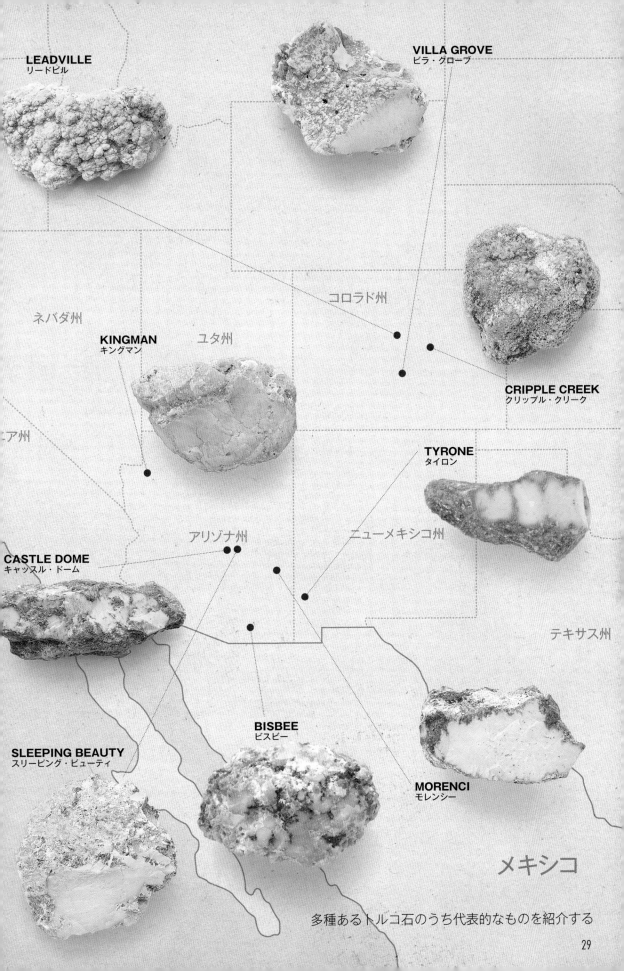

**LEADVILLE**
リードビル

**VILLA GROVE**
ビラ・グローブ

ネバダ州

ユタ州

コロラド州

**KINGMAN**
キングマン

**CRIPPLE CREEK**
クリップル・クリーク

ニア州

**TYRONE**
タイロン

**CASTLE DOME**
キャッスル・ドーム

アリゾナ州

ニューメキシコ州

テキサス州

**SLEEPING BEAUTY**
スリーピング・ビューティ

**BISBEE**
ビスビー

**MORENCI**
モレンシー

メキシコ

多種あるトルコ石のうち代表的なものを紹介する

29

## 中国（中華人民共和国）

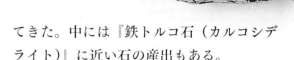

青銅器時代の以前から、この国ではトルコ石で宗教の場で使うモザイク装飾や宝飾用途の工芸品を作ってきた。

この国のトルコ石を発見したのは遊牧民であったと考えられている。彼らが移住する時に作った交易路を通じて各地に伝えられ、トルコ石を産する土地は次第に繁栄していった。最初は小さな道であった交易路は次第に大きくなって漢王朝に始まるシルクロードとなるが、そこを通って他の文物や財宝と共にトルコ石を使った工芸品もヨーロッパに運ばれた。しかし中国のトルコ石は個性的な色調の為にヨーロッパではあまり人気がなかった様だ。

中国のトルコ石は、多くが再構成された堆積岩の中に黄鉄鉱や褐鉄鉱を伴った団塊状で形成されている。時にはアメリカのトルコ石の様にバリサイトを伴って産出する。この国のトルコ石は品質（純度）の面では世界中のトルコ石の中でももっとも高い部類に入り、多くは二次的に浸透された珪酸成分で珪化していて硬い。反面、鉄分を多く含んで特徴的に緑色がかっているものが多く、『緑松石』という名前で呼ばれてきた。中には『鉄トルコ石（カルコシデライト）』に近い石の産出もある。

時代は下がって近世になり、中国の国内でトルコ石の需要が高まると、嗜好もヨーロッパ好みの"ペルシャン・ブルー・カラー"に変わっていった。

当時、湖北省にある雲蓋寺という鉱山はイラン産に匹敵する最高品質の原石を産出したが、増え続ける需要には間に合わなくなり、イランやシナイ半島から原石を輸入して加工を行なったという事実もある。

またチベットからもトルコ石を産出すると信じられているが、湖北省で産した原石を四川省からの交易路を使ってチベット族の人々が運んだ事でチベット産と思い込まれた様である。これはシナイ半島のトルコ石が中継地の場所の名前からトルコ産と思い込まれた事と事情が似ている。

# オーストラリア連邦

この国のトルコ石は、1967年にジョン・カミングによって発見された。

ビクトリア州とクィーンズランド州北部、そして北部の準州のノーザンテリーにも産地がある。総体的に珪酸成分が多く、硬質のものが多いが、他の産地に比べて明るい青色のものが多い。

## その他の地域

▶カザフスタン共和国
Majkojyn

▶イギリス
コーンウォール

中華人民共和国

●イラン・イスラム共和国

エジプト・アラブ共和国
（シナイ半島）

オーストラリア連邦

▶ウズベキスタン共和国
Aumiuzafau、Almalyk
アルマリク

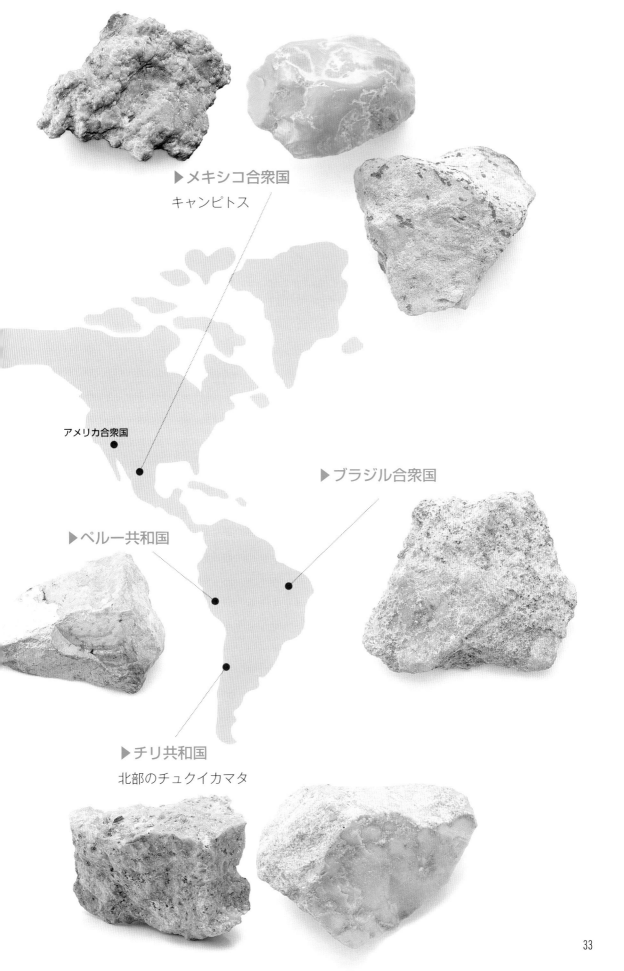

▶メキシコ合衆国
キャンピトス

アメリカ合衆国

▶ブラジル合衆国

▶ペルー共和国

▶チリ共和国
北部のチュクイカマタ

# Ⅲ：トルコ石の科学

## トルコ石の形成

　トルコ石の鉱床の多くは、標高900〜2500mの風化が進んだ乾燥地帯にある地層がずれてできた断層に生じた破砕帯の下部の地下水面が位置する場所にある。破砕帯は花崗岩、流紋岩、粗面岩（そめんがん）、モンゾニ岩、斑岩、片麻岩（へんまがん）、頁岩（けつがん）、砂岩の残片を含んで極度に変質した堆積層から構成されていて、粘土を伴い空洞や亀裂の部分を埋める状態でトルコ石が形成されている。

　トルコ石が豊富に存在する場所は銅や金の鉱床の上や周辺にあるので、トルコ石の採鉱家やハンターは、地表に露出している褐鉄鉱で鉱染された黄色いカオリンが多い場所を探索する。

　トルコ石は酸化鉄や水酸化鉄の鉱物を伴って発見される事が多い事実から、この鉱物の形成には風化作用を進行させる気候条件が特に重要な役割を果たしていたと考えられている。

　トルコ石の形成は天水（雨）が地中にしみ込む事によって始まるが、その場所は砂漠の様な保水性のない土地で、その様な場所に雨が降ると降った水は土中に染み込んでいき、地下で次第に集まって地中に存在する岩石や鉱物に接触する。天水には大気中にある炭酸ガス（二酸化炭素（$CO_2$））が溶け込んで酸性に片寄っているので、その場所が褐鉄鉱やジャロサイト（鉄明礬

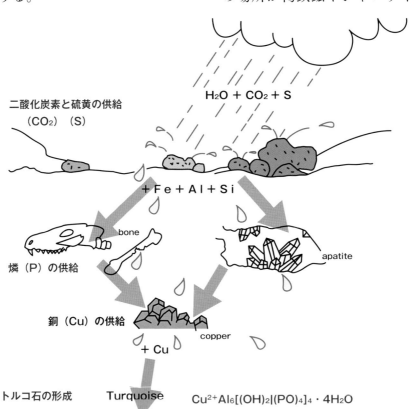

二酸化炭素と硫黄の供給 （$CO_2$）（S）

$H_2O + CO_2 + S$

$+Fe+Al+Si$

bone

apatite

燐（P）の供給

銅（Cu）の供給

copper

$+Cu$

トルコ石の形成　Turquoise　$Cu^{2+}Al_6[(OH)_2|(PO)_4]_4 \cdot 4H_2O$

石）、クォーツ、カオリン等で構成される変質帯であれば、染み込んだ水はそこを構成している岩石や鉱物から複数のミネラル分を溶かしだす。

ミネラル分を溶かしこんだ地下水が地層の風化岩の残渣の中を流れると、さらにアルミニウム（Al）や鉄（Fe）、珪素（Si）を水の中に取り込んでいく。

そして地中にアパタイト（燐灰石）や動物の化石があると、地下水はそこから燐（P）を取り込む。ここでトルコ石の元となるほとんどの成分元素は地下水の中に揃う事になるが、トルコ石の成分中でもっとも肝心な銅（Cu）は、銅鉱床中にある黄銅鉱などの硫化鉱物や孔雀石などの炭酸塩鉱物から取り込んだものと考えられている。

やがて、その芳醇になった地下水は粘土やチャートなどがある保水性のある場所に到達すると次第にその空間に溜まっていくが、今度はそこから水分が地層の隙間を通って蒸散を始める。結果地下水の中に混入している成分の濃度が高まって、次第にコロイド化してトルコ石の形成が始まる。結晶化は進行し微細な結晶が無数に集合した状態で様々な塊状体を形成する。その形状は大きく次の写真の様に大別される。

鉱染状 （→ p.36）

脈状 （→ p.37）

筒状 （→ p.37）

団塊状 （→ p.38）

泡状 （→ p.39）

角礫構造（→p.39）

次頁からそれぞれの状態を詳しく解説する。

column 09

かつてトルコ石は地下の深い場所で形成されると考えられていた。地下の深層部から地表に上がってきた熱水液に溶け込んでいた成分から結晶したとされ、その形成のモデルとなったのはネバダ州にある鉱山の調査の結果を参考にしたものだった。

そこはプレート・テクトニクスによりできた断層線に沿って分布している鉱山で、造山活動に伴い地下からもたらされた銅の成分が堆積岩の中に含まれていたアルミニウムやリンと結合してトルコ石が形成されたと考えたのである。

しかしその考証では、トルコ石の形成が地下20m未満の比較的浅い場所に限られているという点と、目に見える大きなサイズの結晶が見つからないという事実の説明ができなかったのである。

# トルコ石の形状

　鉱山から採掘されるトルコ石の形には様々なものがある。トルコ石の原石の形は、その元になる成分を溶かし込んだ地下水が溜まった場所と状態に支配され、複数のタイプが知られている。

## 鉱染状で形成されるトルコ石

　"鉱染状"とは鉱物が母石を染めている様な状態に見える事から呼ばれるもので、地下水が染み込んだ場所が多孔質や軟質の土壌である場合、トルコ石は土に染み込んだ状態で形成される。

　トルコ石は土壌を取り込んだ状態で固化し、いわゆる［土喰み］と呼ばれる状態を作り出す。

　この様な原石ではトルコ石の部分のみを取り出して使う事が難しく、母石を付けた状態で研磨される。それを流通上では『マトリクス・ターコイズ Matrix turquoise（母岩付きトルコ石）』と呼んでいる。

　品質としては低級の部類に属し、母石部分の吸水性が大きい場合には合成樹脂等を浸透させて固めてから研磨される。時にその部分が自然状態で鉄分や珪酸分で固まったものがあり、研磨によって良好な研磨光沢が得られ、一転して上級のもとして評価される。

　その中に外観から特別な名称で呼ばれているものがある。マトリクスが網の目の様に見えるものでは特別に『ネット・ターコイズ Net turquoise（網目トルコ石）』の愛称で呼ばれるが、その部分が鉄分に富んで黒く硬質の場合には高価格で取引される。ネットが更に細かくなって幾何的に見えると、さらに『スパイダー・ウェブ・ターコイズ Spider web turquoise（蜘蛛の巣トルコ石）』と狭義で呼ばれる事になる。

## 脈状で形成されるトルコ石

　地下水が染み込んでいく場所に割れ目や平坦な空洞があると、そこに入り込んだ地下水は、壁面に接している部分から結晶化してトルコ石を形成する。

　原石が十分に厚いものは珍重されて、『ソリッド・ストーン Solid stone（無垢石）』として使われる。“混じりけのない石”という意味である。

　しかしカボションなどにカットする事がかなわない薄い原石では、裏張り加工を施し強化処理を加えてからカットされる。

薄石を張り付けてある素材は一種のセメント物質で、鉄粉を混ぜて強度を持たせた一種のパテ（接合剤）である。アメリカ南西部の鉱山主は移動用に使っている車のエンジンが損傷した時にこのパテを作って応急処置をしていた。

## 筒状で形成されるトルコ石

　トルコ石が形成される形態のひとつとして知られるが、かなり偶然に形成されるもので、その形状から現地では「スードフォッシル・ターコイズ Pseud-fossil turquoise（偽の化石トルコ石）」と呼ばれている。トルコ石の表面は、長石片やクォーツ、雲母片を褐鉄鉱が固めた様な状態（コンクリーション）になっており、その中にトルコ石が形成されているいわば“トルコ石の円筒”である。

　アクセサリーの作家は、この様な形状の原石の中で細いものは、中心に孔をあけてビーズとして使っている。

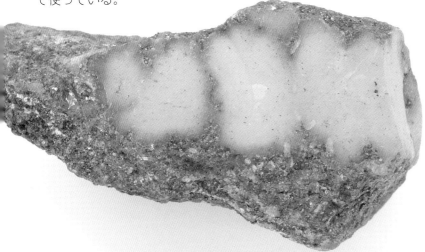

砂漠の中では、砂層中に地下水や空気の流れる空間が形成される。この原石はトルコ石形成の元となった成分水が偶然にもそこに流れ込んで沈殿したもので、おそらくは万分の1の偶然で形成されたもの。

# 団塊状で形成されるトルコ石

地下水が染み込んだ場所が軟質の土壌である場合、鉱液はその空間の部分に溜まり周囲を押し広げる様な形でトルコ石を形成する。液中から生じた結晶の種（核）はその鉱液の供給量に応じて次第に集合して任意の大きさの団塊（ノジュール Nodule）に成長する。それぞれの球体が小さく集合した状態で形成されると、土壌部（母石部）が網目の様な構造となって見え、この様な場合もネット・ターコイズと呼ばれる。

団塊が十分な大きさで、さらにそれが濃い青色で硬質の場合には最高品質の原石として評価され、最大限の大きさでカットされる。

団塊状の原石の中には、時にその成長の痕跡がタマネギ状に残っている事があり、カボションや玉の形に磨くと、メノウの様な縞模様に見える場合がある。

参考 ネット・ターコイズと呼ばれるものには2つのものがある。左下の写真の原石では小さなノジュールが集合して大塊を形成しているが、右下の写真の原石ではノジュールが大きく成長して集合し、個々の瘤の谷の部分のみがネット模様になって産出される。

## 泡状で形成されるトルコ石

　団塊状で形成されるのタイプと同様に、地下水が染み込んだ場所が軟質で、鉱液が過飽和状態にある場合には、形成されるトルコ石は「オーリティック Oolitic（鮞状／魚卵状）」と呼ばれる小さな粒の集合した状態となって形成される。

　これは極めて稀な産状で、『シー・フォーム・ターコイズ Sea foam turquoise』という愛称で呼ばれている。シー・フォームとは「海の泡」という意味であるが、中には金平糖状の塊となって成長するものもある。この様な原石を表面研磨するとネット・トルコ石の様に見えるが、内部には網目模様の境界線が存在しない。

## 角礫構造を成すトルコ石

　すでに形成されていたトルコ石が、鉱床内で後生的に受けた刺激によって変成したもの。変質の多くは地表近くの急激な脱水作用と乾燥の繰り返しによってヒビ割れしたもので、その後二次的に加わった鉱化作用によってヒビ割れた部分にもトルコ石が形成されている。いわゆる"再固結トルコ石"である。

　鑑別の現場ではこの様なものを『角礫状トルコ石 Brecciated turquoise ブレッチェーテッド・ターコイズ』と呼ぶが、トルコ石の破片を集めて樹脂で接着した「プレスド・トルコ石」に似ており、鑑別に困難をもたらす。

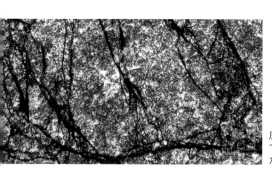

原石を薄片にして、×40 で撮影したもの。各片の輪郭が接する部分がすべて一致していて、各片の色も同一であることから、本来は 1 つのものであったことがわかる。

# 特殊な形状を成すトルコ石

## ①鍾乳石状の形で形成されるもの

　形成されたトルコ石の層の一部が溶解（解離）してトルコ石が再構成される事がある。トルコ石が形成される過程で存在していたアパタイト等の鉱物脈が溶解してできた空洞部に、溶解したトルコ石が氷柱石状（鍾乳状）に滴ってできる極めて稀に起こる珍しい現象である。その再構成トルコ石が初めて発見されたのがイギリスのコーンウォールにあるフェニックス鉱山である。

## ②他の鉱物の形を置き換えているもの

　トルコ石は、時にそれを形成した鉱床の内部でその元となった鉱物の形を置き換えて存在する事がある。いわば元の鉱物の形を保存したままトルコ石に変化した「仮晶 pseudomorph」で、トルコ石形成の元となった長石や燐灰石等の鉱物をその形のままに残してトルコ石に変化している。正確には［置換形態 replacement form］と呼ばれるものである。

右端の1つは燐灰石の仮晶、他の3つは斜長石の仮晶

## ③自形の結晶の形（トルコ石の結晶）を見せるもの

　トルコ石は低温の環境下で形成される為に通常では不定形の塊状体を成し、目に見える結晶の形は現わさない。結晶の構造がわからず、それを解析する分析機器の無かった時代にはトルコ石の結晶系は記載できなかったのである。

　ところが1912年になって、アメリカのバージニア州キャンプベル郡のリンチ・ステーションという場所の近くにあるビショップ・マンガニーズ鉱山からトルコ石の結晶が発見された。結晶とはいっても最大でも1mmに満たない超微細なサイズだったが、小さな晶洞の中に結晶が密集していた。その例外的な結晶のおかげで直接結晶を測定する事ができ、鉱物学の世界に大きく貢献する事となった。しかしこの様な標本は、鉱物のコレクターには高い価値を付けられているが、宝石のコレクターにとってはまったくの無関心な存在である。

　トルコ石の結晶を産出する鉱山は80年代まではビショップ・マンガニーズ鉱山が唯一の場所と考えられていたが、その後他の数ケ所から発見され、現在では世界の30ケ所を超える場所からトルコ石の結晶が発見されている。

# トルコ石の変質

じつはトルコ石はその美しさとは性質が真逆で、かなりデリケート（軟弱）という欠点をもっている。トルコ石は原石のままでも、カットしたものでも、処理を加えたものであっても、変化（変質）を生じる事があって、それは燐酸塩鉱物のもつ宿命でもある。

トルコ石は特定の成分をもつ薬品に弱く、香水や化粧品によっても侵される事がある。人間の体の皮脂質がこの宝石を汚す事も知られている。

したがってトルコ石を使った宝飾品は着用後には柔らかい布で拭いて、宝石箱の中では他の宝石でひっかき傷が付かない様にして分けて保管するくらいの配慮が必要である。

トルコ石の［石言葉］の中に"浮気を封じる石"というユニークなものがある。

その昔、この石のもつ性質を利用して夫の浮気を探った女性がいたという怖い話があった。外であらぬ事をして帰ってきた夫、それを感じた妻は小さなトルコ石を寝ている夫のひたいにそっと置いた。すると石は次第にその色を濃くして、妻に卑猥な行動を知らせたという。後ろめたい行いに知らずに出た汗がトルコ石に染み込んでその色を変えたという事で、トルコ石が持ち主を守護する宝石といわれる裏話ではある。現実にはその様な事はなく、多孔質性の大きい石（吸水性の大きい石）が引き起こすトラブルにひっかけて警告として後世になって作られた話である。しかしその警告が示している様に、多孔質性が特に大きなトルコ石では使用中に汚れたり光沢が失せる事が実際にはある。

## ●変質の種類とその内容

この宝石は販売者も購入者もその性質を十二分に知っておく必要がある。販売時の展示の仕方や購入者の使い方によって、変質の仕方は大きく違ってくるからである。

▶吸水性の強いトルコ石では、時間を経ると次第に黄ばんできたり、色が淡くなってくる事がある。石に含まれている鉄分や亜鉛分が酸化したり、水分が完全に抜けた結果である。さらに日光に長時間晒され続けると変色を生じる事もある。これは紫外線のエネルギーの為だが、それらの変質はトルコ石に備わった美しさの代償的な性質である事を知っておかなくてはならない。

▶カット石の研磨面にオイルやワックスを塗布して仕上げたトルコ石の中には、高い温度が加えられたり日光に晒され続けると油脂成分が分解して変質し、表面に白色の粉や濁った皮膜を生じる事がある。

▶合成樹脂を含浸して安定化処理したはずのトルコ石であっても、時間が経って変色したりヒビを生じる事がある。これは処理する原石の多孔性の程度と、処理に使用した含浸物の種類と、そして処理を行った方法によって様々に変化が生じる。たとえ安定した合成樹脂を含浸に使用していたとしても、石と樹脂という相反する性質の違いが変質を招くのである。

# Ⅳ:トルコ石の鉱物・宝石学

## 【トルコ石の鉱物・宝石学データ】

英　名：Turquoise（ターコイズ）
和　名：トルコ石　漢字では土耳古石と書く
成　分：$Cu^{2+}Al_6[(OH)_2|PO_4]_4 \cdot 4H_2O$
結晶系：三斜晶系
　　　　通常は微細結晶粒から成る塊状で、肉眼的なサイズの結晶を見せる事はほとんどない
硬　度：5 ～ 6（モース・スケール）
屈折率：1.61 ～ 1.65
比　重：2.40 ～ 2.85

## トルコ石とトルコ石グループの鉱物

　トルコ石は地下水の中に溶け込んだ複数の成分が結合して微細な結晶に成長し、無数の結晶粒が集合した状態で形成される。トルコ石はその成因を反映して、常に結晶の表面や結晶粒の間には水分が存在している。この状態を[水和 Hydration]というが、組成式の最後に $H_2O$ が付いている事でそれがわかる。

　トルコ石は $[Cu^{2+}Al_6[(OH)_2|(PO)_4]_4 \cdot 4H_2O]$ という成分組成をもつが、平均的には酸化アルミニウム（$Al_2O_3$）、酸化鉄（$Fe_2O_3$）、酸化銅（CuO）、炭酸カルシウム（CaO）、酸化マンガン（MnO）、無水リン酸（$P_2O_5$）から形成されている鉱物である。

トルコ石は 5 つの系（series）から成る鉱物の内の 1 つで、その系には
①ターコイズ（トルコ石）の他に、
②ファウスタイト Faustite　（$Zn^{2+}$, $Cu^{2+}$）$Al_6[(OH)_2|PO_4]_4 \cdot 4H_2O$（ファウスト石）
③カルコシデライト Chalcosiderite　$Cu^{2+}Fe^{3+}_6[(OH)_2|PO_4]_4 \cdot 4H_2O$（鉄トルコ石）
④アヘイライト Aheylite　$Fe^{2+}Al_6[(OH)_2|PO_4]_2 \cdot 4H_2O$（アヘイル石）
⑤プラネライト Planerite　$Al_6[(OH)_4|PO_3OH|PO_4]_2 \cdot 4H_2O$（プラネル石）
がある。それに大きく関与しているのが亜鉛と鉄のイオン、そしてアルミニウムのイオンの量である。

②ファウスタイト

③カルコシデライト

④アヘイライト

⑤プラネライト

# トルコ石の色

トルコ石の特徴的な色はその結晶を構成している銅イオン（$Cu^{2+}$）によるもので、銅はトルコ石の主成分の1つであり発色の原因となっていて、この様なタイプのものを［自色 idiochromatic color］の鉱物と呼んでいる。特定の色をもつ鉱物という事である。

トルコ石の色は清々しい空青色（スカイ・ブルー）がやはり美しいのだが、現実に産出してくる石の色は先述の理由から変化に富んでいて、幾分緑色がかっている石が多い。緑色味は銅イオンと共に混在している鉄イオン（$Fe^{2+}$）の影響で、カルコシデライトの因子を含んでいる事による。

トルコ石中の銅は2価の鉄で大小の量が置換され、Fe > Cu の状態になると青味が消失して、鉄イオンが多くなるほどトルコ石の色は緑が強くなり、中には極端に黄緑色の強いものがある。その様な石を専門用語で『Ferroan turquoise（鉄に富むトルコ石）』と呼んでいる。

# トルコ石の亜変種

トルコ石中の銅は2価の鉄で大小の量が置換され、Fe > Cu の状態になると青味が消失してその色は黄緑色から緑色にまで変化するが、トルコ石を構成するアルミニウムを鉄で置き換えたものがあり、やはり緑色になる。その様なトルコ石を『鉄トルコ石（カルコシデライト）』という鉱物名で呼ぶが、その鉄トルコ石とトルコ石の間の石でも、含まれている鉄とアルミニウムの量によってさらに異なる名前が付けられる事がある。

カルコシデライトに近く鉄分がやや多いものを「ラシュレイアイト Rashleighite」という亜変種名で呼び、さらには「アルモ カルコシデライト Almo-chalcosiderite」というややアルミニウムが多い亜変種名で呼ぶ事がある。

また銅と共に亜鉛を含んでいるものがあり、8％以上の亜鉛イオンを含むものでは『ファウスト石（ファウスタイト）』という鉱物種名で呼ばれている。

だがそれらのものは互いに混じり（固溶）あう事があって、夫々の鉱物種の間で様々な成分比率の亜変種を形成する為に、一口にトルコ石と言っても実に幅広い色調のものが産出されてくるのである。

カルコシデライト。かなりグリーン味が強い。

かなり鉄分が多く黄緑色が強いが、成分上からはトルコ石に区分されラシュレイアイトという宝石名が付けられる事もある。通称でグリーン・ターコイズと呼ばれる。

アルミニウムが多いのでブルー味が失せている。アルモカルコシデライトと呼ばれる事がある。

灰色がかった淡いブルーで、鉱物的にはプラネライトに相当する。

ファウスタイト。かなり亜鉛分を含む石である。

アヘイライト。純粋なものでは銅を含まず青味がなくなる。

# トルコ石に伴う鉱物や岩石

トルコ石はその形成のされ方からして、他種の鉱物を伴って産出されてくる事がある。

パイライト（黄鉄鉱）の共生を多く目にするが、鉱物だけでなくトルコ石が形成された場所の岩石（母岩 Country rock）を付けたままカットされる事もある。その様な状態のカット石では『マトリクス・トルコ石』として評価する事になる。

以下には、鑑別検査の際に比較的に多く見かけるものを上げてある。

※【鉱】…鉱物、【岩】…岩石

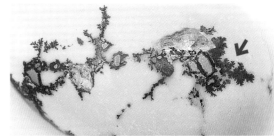
【鉱】『二酸化マンガン』
写真はアメリカ、アリゾナ州スリーピング・ビューティ鉱山産

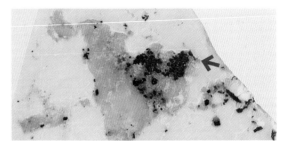
【鉱】『テノライト（黒銅鉱 こくどうこう）』
写真はメキシコ、ソノーラ、ナコザリ鉱山産

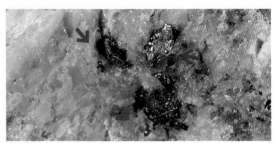
【鉱】『モリブデナイト（輝水鉛鉱 きすいえんこう）』
写真はチリ、チュクイカマタ産

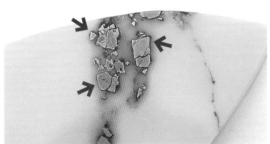
【鉱】『パイライト（黄鉄鉱 おうてっこう）』
写真はアメリカ南西部産。トルコ石の共生鉱物中ではもっとも普通のもので、空色から青色の鉱物でこの鉱物を伴っていればトルコ石だと考えて良い指針となるほどのものである。

【鉱】『アジュライト（藍銅鉱 らんどうこう）』
写真はメキシコ、ザカテカス産。共生する例は稀。アジュライトと共生している場合はプロソパイトの場合が多い。

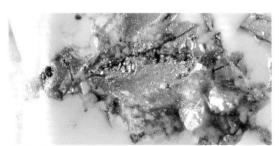
【鉱】『マーカサイト（白鉄鉱 はくてっこう）』
写真はアメリカ南西部産

【鉱】『ライモナイト（褐鉄鉱 かってっこう）』
写真はアメリカ、アリゾナ州産

【鉱】『バイオタイト（黒雲母 くろうんも）』
写真はチリ、チュクイカマタ産

【鉱】『マスコバイト（白雲母 しろうんも）』
写真はアメリカ南西部産

【鉱】『クォーツ（石英 せきえい）』
写真はアメリカ、アリゾナ州スリーピング・ビューティ鉱山産

【鉱】『フェルドスパー（長石 ちょうせき）』
写真はメキシコ、ソノーラ、ナコザリ鉱山産

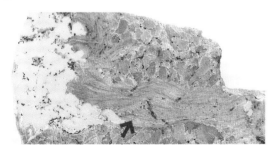

【鉱】『ハロイサイト（ハロイサイト）』
写真はメキシコ、ソノーラ、ナコザリ鉱山産

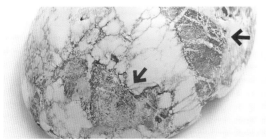

【鉱】『カオリン（高陵土 こうりょうど）』
写真はアメリカ、ネバダ州バットルマウンテン、フォックス鉱山産

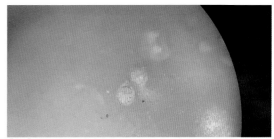

【鉱】『フランセビルアイト（フランセビル石）』
Francevillite（Ba(UO$_2$))$_2$V$_2$O$_8$·5H$_2$O）　写真は中国湖北省産。かなり強い放射能をもつ鉱物。黄色い斑点状の同心円の放射状を成す。

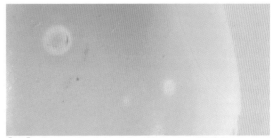

【鉱】『シェルベタイト（シェルベ石）』
Chervetite（Pb$_2$V$_2$O$_7$）　写真は中国湖北省産。白い斑点状の放射状を成す。フランセビルアイトから変質したもの。

【岩】『サンド・ストーン（砂岩 さがん）』
写真はアメリカ、ネバダ州バットルマウンテン、フォックス鉱山産

【岩】『マッド・ストーン（泥岩 でいがん）』
写真は中国産

【岩】『チャート（角岩 かくがん）』
写真はアメリカ、ネバダ州ストーミィ・マウンテン産

# Ⅴ：色・構造・共生物の 違いで知る トルコ石の魅力

## トルコ石の品質

　宝石の品質を評価するにはいくつかの基準がある。トルコ石は特徴的に不透明な宝石であるから、品質の評価はもっぱら表面での観察が主となり、①色調、②色の濃さ、③色の均一性、④包有物の存在、⑤形状をチェックして、その上で石の重量を加算して価値を評価する。そこに大きく関係するのが石に行われている処理の内容とその程度である。

## 色から見る評価基準

　トルコ石はイメージの上からは空色（空青色）の宝石である。しかし実際には濃い青色から淡い青色の他、緑がかった青、黄色がかった青、そして灰色や褐色がかった青色の石もあり、トルコ石の色は緑色 → 黄色 →灰色 →褐色味を帯びるほどグレード（品質）は低く評価される。

《色から見る評価基準》

低い◀　　　　　　　　　　　　　　　　　　　　　　　　　　　▶高い

　トルコ石は成因上で鉄分を含む事が珍しくなく、緑色がかっている石が多く知られていて、事実、緑の色調の強い原石を多く産する場所がある。その様な個性的な色調の原石を産出する国の人々や、その原石を供給される国の人々の間では、それが原因となって、トルコ石の色は国や民族の間で好みが大きく異なっている。エジプト（シナイ半島）やオーストラリア、ロシアからは緑がかった色調の石を多く産するが、チベットや中国、ブラジルは特に緑色の強いトルコ石を産出する。なかでもチベットの人々はかなり緑味の強い石を好むといわれている。

　イランやネイティブのアメリカの人達は明るい青色（スカイ・ブルー）の色を好むとされ、彼らの間では明るい色のトルコ石はもっとも希少なものとされていた。

　アメリカでは"アメリカン・ロビン"という駒鳥の卵の殻の色に例えられ、その色調の石は「ロビンス・エッグ・ブルー Robin's egg blue」と呼ばれた。

駒鳥はイギリスの国鳥にもなっていて、「ヨーロッパ・ロビン」は欧州（ヨーロッパ）で最も愛玩されている小鳥である。

胸の羽が赤い小さな鳥で、神秘的な青い殻の卵を産む。アメリカ南西部の一部の民族の間では、トルコ石は"駒鳥が空から運んできた色を宿している"と信じていたから、この宝石を身に着ける事で精神思考が天空に近づけると考えたのである。

その混じり気のないブルーはとても神秘的で、高級宝石店「ティファニー」の箱の色であるティファニー・ブルーの由来となった色でもある。

アメリカン・ロビンの卵

# 共生物を伴う石の評価基準

トルコ石はルビーやエメラルドの様な宝石とは違って透明ではないので、カットされた石ではその表面に色むらや混在している物質（夾雑物）の存在が目立ってしまう。その存在はトルコ石がいくら美しいものであっても、石の評価に大きく影響を与えることになる。

左）中央を横切るのはライモナイト
右）表面全体にライモナイトや泥岩が散在している

しかし乱雑に入り込んでいる夾雑物は間違いなくトルコ石の美しさを引き下げるが、同じ種類の夾雑物であっても特別な形態にあれば逆にトルコ石自体の価値を引き上げる事となる。

左）こちらのライモナイトは美しいネット模様を構成している
右）ネットを構成している灰色部はサンド・ストーン。
　　トルコ石よりも明るい色なのでトルコ石の色が引き立たない。

47

# 存在する2つの色のグレード

　トルコ石の色のグレードは、過去と現代では大きな違いがある。いわゆる［伝統のグレード］と［現代のグレード］の2つで、表現を変えれば、前者は「占有物とされた時代のもの」、後者は「商材として使える様になった時代のもの」というグレードである。

　流通の世界には、他の宝石種と同様に色の濃いものを最高級とする売り方と、その中にあって歴史上で最上の価値として好まれたグレードの一部を強調して販売するという2つの販売法であるが、当然の事としてその双方の評価に於いて、緑味を感じる青、黄色味を感じる青、褐色味を感じる青、そして灰色味を感じる青という順でトルコ石のグレードは低くなっていく。

## ▶伝統のグレード

　この宝石を知った時、その神秘な色に魅了された王族や酋長や族長達はそれを自らの占有物とした。過去の時代にあっては権力や膨大な財力を使って、最上質の石が収集された。西洋でも東洋でも大空の色を思わせる明るく澄んだ青色の石が最高峰であった。

　現在もっとも好まれている濃い青色の石は天空をイメージさせないので、その時代にあっては明るい色の石よりも低くランク付けされていたのである。当然の事、緑が強い石や黄色や褐色味のある石は宝飾品として使われる事はなかった。

左から、ロビンズエッグ・ブルー、スカイ・ブルー、ロイヤル・ブルー

高い◀ ……… 価値が ……… ▶低い

## ▶現代のグレード

　他の色石に倣い、現代は濃く深い青色の石が最高のものとして販売されている。伝統に裏づけられた明るい色の石の価値は並列的に認められるも、少し前までやや低い位置にランク付けされ続けた。今、日本では伝統のグレードが重視され、明るい青色の石の価値が認められて濃い青色の石の方がやや低い位置にランク付けされている。

　これには大正時代以後に日本に持ち込まれた石の内容が大きく影響している。特に戦後の宝石商が日本に輸入したスタビライズ（樹脂処理）や着色処理されたトルコ石のイメージが強い。容易に経時変質してしまうそれらの品質は嫌いつつも、濃い目のブルーがトルコ石の評価の基準とされた結果のものである。過剰なワックスや油脂の含浸処理がかなりの数流通し、それを否定するかの様な形で処理のない（ノン・ワックス）が紹介されて現在に至っている。

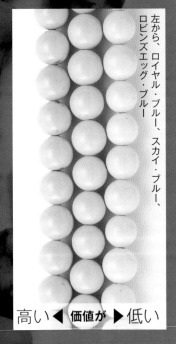

左から、ロイヤル・ブルー、スカイ・ブルー、ロビンズエッグ・ブルー

高い◀価値が▶低い

# Ⅵ：トルコ石の加工処理

## トルコ石に備わった性質

　トルコ石を加工して宝飾石とするために、採掘した原石を切断して研磨すると、その時点から表面に露出した結晶粒の間からそこに吸着していた水分が蒸散する事になる。その為、採掘された後で大分時間が経過した原石では、同様の現象から結晶粒間の水分はかなり消失して無数の空洞が生じて多孔質性となっている。皮肉な事に吸水性のある原石となっているわけだが、その様な石を産地では『チョーク Chalk』という名前で呼んでいる。アメリカのトルコ石はイランのものよりもその傾向が強く、かなり白っぽく見えるものまである。

　じつは古代の人々は、その性質故にこの宝石には生命力が宿っている、生きていると考えていた節がある。

　採掘されたままのトルコ石、いわゆる "生(き)のトルコ石" を年中いじっていると手の油を吸収して次第に透明感が増してくる。脱水して空隙状態となった部分に手の脂質（油）が染み込んで、次第に微妙な透明感を帯びてくる為だが、その現象を体験した人はこの石に生命感を感じ取ったのだろう。白化した（死んだ）石が、かつての色を取り戻した（生き返った）様に見えたのである。人々はその状態をとても神秘的に感じ、人知の及ばない力が働いていると考えたのだ。

表採されるトルコ石はこの様に風化が進み、ガサガサで白けているものが多い。

---

column 12

　多孔質性の違いをつくるのは、トルコ石を形成している成分中の「燐（P）」の影響が大きいという研究結果が報告されている。イランのトルコ石は、動物の化石に由来するイオンを多く含んでいる為に水分が蒸散する事が抑えられていて、対してアメリカ大陸に産出されるトルコ石は鉱物由来の燐イオンを含んでいる為に、水分の蒸散を抑制する力が多く、水分は抜け出し易いといわれている。

# 加工処理が生まれた背景

　これが守護石だと信じて絶えず身に着けていたトルコ石が、人の体から出る油脂を徐々に吸着した為に、石に"濡れ"という効果が生まれた。その結果、色と艶がかなり濃くなって見えたことを学習した人々は、この石が油脂にまみれる事によって色が濃くなり、石に潜んでいるパワーが高まると考えたのだろう。

　それ以来、トルコ石の表面を油やワックスに触れさせて石の持つパワーを引き上げようと考えられた。

# トルコ石に施される処理の種類

　そして現在まで、トルコ石には色の向上と石質の改良を求めていくつかの技法が考案されてきた。この石を取り扱う人たちはその技法を基本としてさらに改良を重ねた。そして複数の技法を組み合わせて、さらに新しい方法が考案されてきた。

## ① 塗布処理

　研磨して艶出しが完了した石の表面にワックスやパラフィンを塗り付ける方法をいう。

　この技法はあくまでも"研磨によって得られた光沢の補強"と解釈されているが、そもそもポリシュ（艶出し工程）だけで十分に光沢が出る質の石にとっては必要のないものである。しかしそれに及ばない質の石にとっては、その処理を加えることで光沢だけでなく、色の向上にまでつながるのである。

　この工程は水晶やガーネットなどを始めと

破断面（左はノン・ワックス　右はワックス加工）
表面から染み込んだワックスが、地の色を向上させているのがわかる

する１個体（単結晶）の石にとっては必要ないものであるが、トルコ石やヒスイなどの集合個体（集塊結晶）の宝石材に対しては効果的な工程である。

　組織が粗く十分な研磨光沢が得られない場合には光沢の補強として行なわれているが、トルコ石の場合にはその効果は極端で、石のもつ多孔質の程度により効果が大きく異なり、組織が粗い（多孔質）素材ほど極端な色の変化が生まれる。したがって一口に"仕上げの範疇"とはいっても、不完全な研磨の補強やポリシュを省略した作品の仕上げとして行なわれている場合には、鑑別の評価では塗装処理として扱うこととなる。

カット石の外観（左はノン・ワックス　右はワックス加工）

この技法は俗に「ワックス掛け」と呼ばれて、石を研磨した後でその表層部へワックスやパラフィンを塗装したり、温めたワックス液の中に浸した後で磨き上げて行うが、しかし単独材での処理後の効果の持続性は低く、そこでワックスやパラフィン材に硬化する樹脂材を混ぜて使うことである。

現在では"ノン・ワックス"ということが過敏なまでに好まれて、ワックスやパラフィンを使っている石は敬遠される傾向にあり、

パラフィン（鉱物蝋）。古い時代には植物から採ったオイルが使われたが、現代は主に石油を蒸留して得たパラフィンが使われている。写真はアメリカのトルコ石の鉱山で使われているもの。

植物から採ったバルサム樹脂。多孔性の大きな石の場合、塗装（や含浸）したワックス材に加えて固めたり、直接使用する場合もある。

あえてそれを行っていない石も多く流通しているが、その様な研磨石では経時で表面に変化が生じる場合もある。トルコ石はその構成成分から、多くの石は耐久性が低く、一部のものを除いては致命的に変質しやすいという弱点をもっているからである。

この処理法はカービング（彫刻）した製品の仕上げにも普通に行われるが、時には採掘されたままの原石に対して行なわれることもある。

油脂類の塗布でその効果が現れるのはグレードの高い素材に限られ、この方法で多孔質の石を処置することはできず、技法の評価の上では、❸含浸処理と重なる部分が出てくる。

# ❷ 脱水処理

この処理（処置）が行われる様になったのは、❶塗布処理が意識的に行われるようになってからのことである。

もっとも古い時代には、この宝石の採取はもっぱら地表に現れている原石や地下の浅い場所にある原石を見つけることで行なわれていた。いわゆる表採である。地表にトルコ石が多く散らばっている場所を見つけると、そこを地下に向けて掘り込んでいった。そこは鉱山としての性格を帯び鉱夫達はできるだけ多くの原石を掘り出す努力をする。

しかし地中深くから掘り出した原石は表採した原石よりも水分を多く含んでいて"締りが無い"。そこでしばらくの間は屋外に放置して乾燥（脱水）させ、加工しやすくなるタイミングを待った。

だがトルコ石が商品として多く使われる時代になるとその時間を待つことはできない。そこで人為的に加熱して脱水を行なう様になり、アメリカのトルコ石の産地ではオーブン・トースターを使って簡単な方法で処理が行なわれてきた。

現在この処理はトルコ石に耐久性を付加すると共に、後に行う種々の処理の為の"前処理"と解釈されて普通に行なわれている。

# ❸ 含浸処理

本来は地表に露出して自然に乾燥した原石を表採して加工していたが、マーケットでトルコ石の需要が拡大するにつれて、そのままで加工できる原石は次第に少なくなり、❷脱水処理で解説した様に、地下から採掘したかなり水分を含んでいる原石を乾燥させて使う事になった。

しかし組織が粗く形成されている原石では、粒子間に吸着されている水分が蒸散した結果、石の内部には多くの空洞部が生まれることになった。脱水させた結果その石は本来よりもより硬くなるものの、同時進行で皮肉にもその石には吸水性という性質が生じることになり、一転してその石は外来物質によっ

右の石は下半分を水に浸けた後で撮影したもの。
水を吸い込んでいることがわかる。

て新たに汚れやすくなるという新たな性質が備わることとなった。

そこで加工職人達は、トルコ石を安定して加工できる様に様々な工夫をして、いくつかの処理法を考え出した。

その中の1つに「水ガラス（液体状の珪酸ナトリウム）」を浸透させて石の空隙部を埋めてしまうという加工があったが、耐久性のある特別な効果は得られなかった。

写真は左からオイル、天然の樹脂、合成の樹脂

1930年の終わり頃になると合成樹脂が発明されるが、それが後にトルコ石にとって救世主となる。1939年にメラミン樹脂などの熱硬化性樹脂が開発、第二次世界大戦が終わると不飽和ポリエステル樹脂、エポキシ樹脂などの生産が続くが、1950年にアメリカのアリゾナ州にある Colbaugh という施設で、組織の空隙部にエポキシ樹脂を浸透させて石質を改変する方法が開発された。その技術

参考 「水ガラス Water glass」は18世紀に開発されたケイ酸ナトリウム（$Na_2SiO_3$）の濃厚な水溶液である。特に安定なものではないが、次第に分解して珪酸分を析出して凝結しゲル状に固まる。開発当初は木材に染み込ませる等して主に防火剤として使われたが、やがて粘着剤として人造石・ガラス・陶器などの接着にも使われ、吸湿剤のシリカゲルの原料ともなった。また石鹸の製造や医薬品の分野でも使われる。
トルコ石の加工の現場では現在でも使われることがあるが、この処理を施したトルコ石はやや曇った感じとなるのが特徴である。

**参考** かつて日本の宝石鑑別の世界では、30 年に及ぶ長い時間、研磨したトルコ石の光沢を「樹脂光沢」と教えてきた。それだけ日本にはスタビライズされたトルコ石が多く持ち込まれていたということになる。ところが、トルコ石の中に極めて稀ではあるが組織中にコロイド状の珪酸（$SiO_2$）が浸透しているものがある。特別に『珪化されたトルコ石』という名前で呼ばれて、研磨すると最上の光沢が得られ、「玻璃光沢」と呼んでいる。玻璃とはガラスのことであるが、しかしその様な原石では、色が淡くても含浸処理を加えて色を上げることはできない。

が開発されたおかげで、加工可能な範囲の原石がそれまでとは比較にならないほどに増えた。

地表で自然に乾燥した石の中には、空隙部が多くスカスカの組織で"チョーク"と呼ばれるクラスの原石があるが、それさえも容易に加工する事が可能となり、宝飾品としてマーケットに流通するトルコ石の量が爆発的に増えた。

オイルやワックスには多孔質性の大きい原石の強度を上げる力はなく、それをいくら大量に注入しても組織は改善されないが、合成樹脂を使ったものでは完全に多孔質性が改善されるのである。その事からこの処理石には、"安定させた／固定させた"という意味で特別に「スタビライズド・ターコイズ stabilized turquoise」という呼び名が生まれ、その名称は今では広く知られている。

含浸材を浸透させる方法には常圧状態で染み込ませる方法と、圧力をかけて注入する 2 通りのやり方がある。圧力を加えて浸透を行うと、石の吸着力を利用して常圧状態で染み込ませるよりも深く石の内部にまで薬剤は浸透する。最初の頃は簡単な手押しポンプを使っていたが、最近ではオートクレーブ（高圧容器釜）を使って行なう事が普通になり、石のかなりの深層部にまで含浸材が入り込む。

含浸に使用する合成樹脂はエポキシ樹脂ば

かりではなく、現在ではアルキド樹脂、スチロール樹脂、オルソフタレイン酸樹脂なども使われている。

さらに質が粗い軟質の原石に過度に含浸加工したものでは、経時で変質を生じることがある。それら変質を生じる原因は、石とそこに浸透している物質の相反する性質の違いから起こるもので、注入された樹脂の種類によっては浸透している物質の分解までもが生じる。

本来の原石の組織が粗いものでは内部に含浸透された樹脂の量が多くなる為に、製品にした後でこの様な変質を生じることがある。

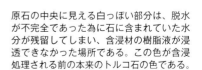

原石の中央に見える白っぽい部分は、脱水が不完全であった為に石に含まれていた水分が残留してしまい、含浸材の樹脂液が浸透できなかった場所である。この色が含浸処理される前の本来のトルコ石の色である。

　かつて宝石の世界で、今では理解されない差別的な呼称が使われていた。

　アメリカのマーケットで「アパッチ Apache」と呼ばれていたトルコ石は、過剰なまでに合成樹脂液を染み込ませて加工した多孔質のトルコ石を卑下して呼んだものだった。

　処理したトルコ石の品質を評価したスタビライズ処理石に対する "業界グレード用語" だった。皮肉にもその石のおかげで多くの庶民がトルコ石を安価に購入することができる様になった。戦後の日本に輸入されていたトルコ石はほぼすべてがこれだが、その中には青色の樹脂液を染み込ませた極度に低品質のものもあった。

解説：スタビライズド石の中には、経時で変色したりヒビを発生して粉（環境や使い方の影響を受けて生じた物質）をふくこともある。
これらの標本は 1980 年代に加工されたものだが、当所で入手した時には多くの石がすでに変色していた。左端の石は加工当時の状態を保存していると考えられ、その右側にある 7 点の石も加工時は左端の石と同様だったと思われるが、グレーになったり緑変したり、ムラになったりと変化（劣化）が著しい。これらの原因はすべてが原石の質と、それに加えられている処理の内容と程度である。

## ❹ 着色処理

　染料を使って着色する行為をいうが、使われている色素には無機と有機質の２種類の染料がある。着色した合成樹脂が使われる事もあり、さらにカット石の表面に染料を塗り付けたものや、表面の浅い層を着色したものもある。

ビーズの表面に染料による青色の染ムラが見える。
表面の凹みには後から含浸させた無色の樹脂が溜まっているのがわかる。

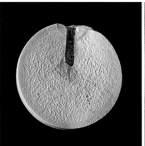 

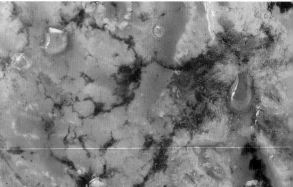

左）半分に割ったビーズの断面。表面から浸透させた染料の痕跡が見える。着色の行為は原石の段階からも行われている。表面に含浸に使った青色の樹脂が盛り上がっている。

右）内部にある亀裂部に溜まっているのが含浸された青色樹脂。
また、最初に染料で着色した後で無色の合成樹脂を浸透させているものもある。

# トルコ石に行なわれる特殊な処理

　トルコ石に行われている処理の中には、先述した方法の他に小規模なレベルで行われている特殊なものが多くあり、中にはユニークと言えるものまでがある。

　それらはすべて産出された原石の性質に合わせて考案されたものだが、そのことから考えてみてもこの宝石が装飾品としてかなり魅力的なものであることがわかる。

## ●発色処理

　トルコ石はそれを構成する成分の組成から見ても、経時で変色や退色を生じやすいことがわかる。変色を生じた石を回復させる事は困難だが、石を構成するイオンから見ると、退色した色をアンモニアを使って一時的に回復する事は可能である。

　アンモニウム・イオンがトルコ石に含まれている銅イオンに働くとその色がより濃くなるが、それは一時的なものでしかない。

カット石を2つに切り分けて、右側の切片をアンモニアに浸けて実験したもの。少し色が濃くなっているのがわかる。

　この回復方法はかなり古い時代から知られていて、実際に行われてきた。まだ化学がない昔にどの様なきっかけでその方法が知られたのかは不明であるが、伝聞によると、アンモニア溶液を使う様になる以前には何とも宝石には相応しくない方法が行われていたという。その方法とはトルコ石に小水（尿）をかけるというもので、トルコ石を採掘していた工夫達は毎日毎晩原石の貯蓄場に向かって用を足したという。

　おそらく用を足す場所に捨ててあったトルコ石の変化を見て気付いたものだったのだろうが、アンモニア溶液に漬ける方法では色調が1ランク程度はアップした様だ。

## ●構造強化処理

　1980年の半ばごろから、旧来の方法とは異なる処理法で加工処理されたトルコ石がマーケットに現われた。俗に「ザカリー方式」と呼ばれるその新しい処理技法は、特殊に調合したカリウム溶液の中に漬けて行うというもので、トルコ石を商う電気技師のジェームス・E・ザカリー氏が独自に開発した技法である。氏から公開された情報によると、トルコ石の組織を硬化するものと、色を向上させるものとの2つの技法があるという。

ザカリー処理されたカット石を2つに切り分けて、左の切片を薬品処理して元の色に戻したもの。ここからこの処理は発色と組織強化の双方に視点をおいて開発されたものであることがわかる。

　この処理を施されたトルコ石を分析してみると、結晶の粒子間がトルコ石に相当する物質で埋められており、トルコ石が本質的にもつ吸水性が完全に改善されているが、石質的には中級以下の品質の原石が使われている様だ。

情報：この本を構成している間に新しい方法（？）で加工処理されたと思われるトルコ石を鑑別した。
これまでのザカリー処理トルコ石と比較するといくつかの不明な点が存在する。これまでの処理石よりもカリウム成分が異常に多く、着色処理の様な色だまりが見られる。しかし光学分析では着色の根拠がつかめない。
詳細な処理内容の公開が行われないザカリー方式を他所でアレンジしたものか、ザカリー氏側が特殊な方法で加工したものなのか、現在続行して解析を進めているが、詳細な報告はこの本が出る時間には間に合わないだろう。（2020年）

## ◉被膜処理

　原石の質によって良好な研磨光沢を得る事ができない場合には、透明な樹脂を使って表面に被膜処理（コーティング）が施される事がある。

表面に見える無数のヒビは、表面に被膜された樹脂層に発生したもの。

　さらにそのコーティング技法を使ったより高度な処理石も作られている。淡色のトルコ石を濃く着色した上で、その表面をパイライトの小片を蒔いた樹脂で被ったものもある。
　中にはクリソコーラや着色したマグネサイトに同様の被膜処理をしてトルコ石に似せたものもある。これらの特殊な処理は中国経由のものに多く見られるが、1つの工場か同属の職人の手によるものかと考えている。

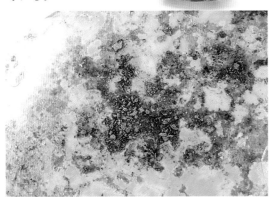

粉砕されたパイライトの小片は、表面だけに集中している事が見てとれる。

## ◉裏張り加工処理

　この加工は、かなり薄い原石（Seam stone シームストーン）を効率良く使う目的で考案された技法である。地層中の薄い亀裂部に形成された厚みの無いトルコ石は加工に対する耐久性が低いので、金属粉を混ぜ込んだ合成樹脂に張り付けて補強するという事が行われる。
　アメリカのトルコ石の産地の一部で行なわれる事が多い加工法で、裏張りした原石はカット仕上げを行った後で、多くの場合は金属枠に伏せ込み状態にして宝飾品に加工される。

堆積岩の薄い割れ目を満たして形成されたトルコ石の原石。

薄すぎる原石を補強して使う目的で、裏打ち加工を行った状態。

裏打ちを行った物質と共に整形してカットされた製品で、アクセサリーに加工する際には、この裏打ち部分が見えない様に、枠などでふさいで（伏せ込み加工という）細工される。

色素を一部削り取りその内部を観察すると、灰色の泥質の母岩が現れた。

## ●ネット部への着色処理

母岩（ネット）部分が泥質で吸水性が高い場合には、カットした後で黒色や褐色の染料を使って着色が行われる事がある。ネット・トルコ石の評価では、白っぽいネットより黒色系の石の価値が高いからで、ネット・トルコ石を貴重なものとするアメリカの産地ならではのものである。

現地ではこの処理を「靴墨染め」と呼んでいるが、最初の頃は実際に靴墨を使って着色していた。

## ●寄せ集め加工処理

小さいトルコ石を集めて合成樹脂で固めて1つの塊に成形する加工法で、製造の現場では「プラスチック・ボンド Plastic bond」と呼ばれている。いわゆる"樹脂接着品"であるが、安価にすぎる商品の中にはこの様なものが珍しくなく、簡易に作られた例では破片を単純に接着してそれをカットしたものがある。

左の複数の粒を接着する為に使われているのは無色の合成樹脂、右の粒の接着に使われているのは青色の合成樹脂である。

この技法をアレンジした製品はかなり多くの数が作られていて、寄せ集めは2個から3個の粒をただ接着しただけの粗雑なものからプレス機を使って圧着成形した精巧なものまでがある。

上のものは割れたビーズのかけらをくっ付けただけのもの。下は接着した後で外形を削って整形してある。

プレス機を使い工場レベルの進歩した技術で作られたものは、天然で形成された礫状集合トルコ石に外観が似てくる。（→ p.39 参照）

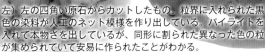

プレス加工で作った原石を切断したもの。断面には寄せ集められたトルコ石の礫粒が見えている。周囲の壁が黒色なのは礫粒の境界をネット模様に見せる目的で混ぜられた黒色の染料が染み出している為である。

しかしこれらの処理品が作られている中で問題のある製品も作られていて、トルコ石が形成された鉱床の母石の破片を混ぜたり、色の似ているクリソコーラなどの石を加えて増量しているものが作られて流通している。

このプレス石は、泥岩や褐鉄鉱の礫粒を混ぜ込んで本物らしく作られたもの。

またプレスして作ったブロック体を不定形に削り、その表面を泥状の物質で覆って自然の石に見せかけたものも作られている。

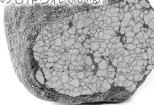

削って自然石の様に成形した表面に、石英や砂泥岩の粒子を撒いて樹脂で固めて塗装したもの。実際にネット・トルコ石の原石として鑑別に持ち込まれたもの。

解説：宝石の鑑別の基準では、本物のトルコ石だけを寄せ集めて作った加工処理石であったとしても、その石に対する評価は（○○○○の）模造品（イミテーション）の内容に区分される。

左）左の四角い原石からカットしたもの。粒界に入れられた黒色の染料が人工のネット模様を作り出している。パイライトを入れて本物さを出しているが、同形に割られた異なった色の粒が集められていて安易に作られたことがわかる。
右）同色の不定形な粒を集めて成形して、かなり丁寧に作られたものであることがわかる。かなり精巧な出来ばえで、天然のブレッチェーテッド・ターコイズに外観が酷似し、この様なものでは鑑別が困難になる。

# トルコ石の合成

　鑑別の世界では合成トルコ石とは人為で形成したトルコ石の事をいうが、要件として硬度・比重（密度）・化学組成が天然で形成されたトルコ石とほぼ同じものを合成と評価している。これまで合成トルコ石として発表されたり、製造の内容が公開されている試料を分析してみると、自然界（天然）で形成されたトルコ石と合成トルコ石との間には、構造・結晶の完成度・水和の状態に違いが見られた。

　宝石学では天然石と合成石ではどこがどの様に異なっているかという視点から評価を行うので、その人造石が例え自然界で形成されるプロセスを再現したものであっても、時には模造石となる場合もある。

> ※これまで歴史上で真の合成のトルコ石とされるものがいくつか作られ、記録されている。

▶ 1932年に旧ソビエトのゴフマンという科学者がトルコ石の合成を発表し、その一部がヨーロッパのマーケットで販売された。

　ゴフマンはトルコ石の形成のプロセスを当時すでに解明していたといわれている。トルコ石は水の中で溶け込んでいる複数の成分が集まって沈殿し、脱水することによって結晶化（固まる）ことをつきとめて、銅の化合物と水酸化アルミニウム、燐の化合物を混合した溶液を作り、沈殿させたものを加熱しながらプレス機で成型して作り出したとされる。技術上では2つの方法を考案して形成を行ったというが、現物を見るとその双方とも一見スタビライズした粒の粗いトルコ石に似ている。
参考：旧ソビエトではゴフマンの製造以後も複数の研究所でトルコ石が合成されて、研究者やコレクターの元に残っている。

▶ 1972年になって、エメラルドの合成で知られるフランスのピエール・ギルソン（1914〜2002）がトルコ石を合成したことを発表、その商品がマーケットに登場した。その時点でギルソンは、エメラルドの合成だけでなく宝石を人為で作り出すオーソリティとして知られることになる。

　彼はアルミニウムと銅と燐の化合物の粉末をプレスで固めて加熱する方法でトルコ石を合成したが、その合成品を研究した一部の研究者の中には、"ギルソンはゴフマンの石を入手して研究していたから、それに近い方法を独自に模索して使ったのだろう"と考える人もいる。

　彼の合成したトルコ石には、濃い色の「ファラオ」と、明るい色の「クレオパトラ」と呼ぶ2つのタイプの石がある。クレオパトラは極めて均質の粒子から構成されていてシナイ半島から採掘されているトルコ石の組織によく似ているが、ファラオの方はアメリカのトルコ石を彷彿とさせる色調に調整されている。

クレオパトラの組織。無数のトルコ石の結晶粒子が集合した状態にあるのがわかる。

左はゴフマンが製造したもの。右は（おそらく）彼の下にいた研究者が作ったと考えられているもの。

奥は合成トルコ石の原石（円板を2つに割ったもの）。手前はその原石からカットされたもので、左が「ファラオ」、右が「クレオパトラ」。

column 14

　当時ゴフマンが作ったトルコ石を分析したある研究者の報告が残っていて、それによるとその合成石の中に天然のトルコ石の粉末を見い出したという。その発表が響いたか、ゴフマン自身の合成法を記述した文献の公表も無いことから、彼のトルコ石は正式な合成品としての記録には残らなかった。

　一方、ギルソンはゴフマンの方法に習って独自に研究した視点から真の合成品を作り上げて工場生産ラインに乗せてトルコ石を製造した。しかしギルソンの製品を分析した研究者の中には、そのトルコ石は模倣品（simulate）であると主張する学者もいた。彼の合成石には結晶の粒子間に充填目的で使った結合剤が存在している為に天然石とは化学組成が異なるというのである。しかしそれは製造（合成）を行う上での技術上の問題であって、実際には彼の作ったトルコ石は合成石と考えられている。

# VII：イミテーションの世界

## イミテーションとは

　かつてこの宝石は、王侯貴族や権力者そしてシャーマン達の専有物であった。長い時間の中でイメージを膨らませていても、この石に触れることすらできない人々は自然の摂理として似ている石を探したりしただろうことは想像に難くない。しかし数多くある宝石の中にあってトルコ石は特別特異な色をもっていて、その様な色の石（類似石）はそう簡単には見つかるはずがない。

　やがて人間に生まれた科学の目から、その特異な物体を真似して手に入れようとする発想が芽生えてくる。

　古代から中世さらには近代になると、人知でその神聖な石を創作する試みが盛んに行われ、多くの"そっくりさん（Imitation イミテーション）"が作られてその数は本物をはるかに上回った。

　現在、アメリカのインディアン・ジュエリーや、アジアに住むチベットの人々が作る地産のジュエリーにも多くのイミテーションが使われているという現実がある。

## イミテーションの歴史

　世界で初めてトルコ石を模倣したのは古代エジプトの陶工である。それは『ファイアンス Faience』と呼ばれる一種の焼き物に始まった。彼らは砂漠の砂（石英の砂）を焼き固めて形にし、それを芯（胎（たい）と呼ぶ）として表面に釉薬を掛けて半磁器の焼き物を作った。今、ファイアンスはトルコ石を模倣して作られたといわれているが、当時の工人達は神聖なトルコ石の色を再現したのであってけっしてトルコ石の代用品を作ろうとしたのではなかった。彼らは又ラピス・ラズリ色のファイアンスも作ったことからわかる様に、昼と夜の天界の色を再現して神聖なモチーフを飾って身近に置いたのである。

すべてファイアンス陶で、左から「鍵」「葡萄」「スカラベ」を表現している。
キーワードは、それぞれ（防備）（豊潤）（再生）で、すべてが表面をトルコ・ブルーのファイアンス釉薬で覆って焼かれている。
右端のスカラベは、砂漠の砂塵によって釉薬がすり減って胎（土台）が露出してしまったもの。スカラベの胎である。

　胎はすべて聖なるものの形が再現され、偶像やスカラベが作られた。だが時代が経過するにつれて胎はもっとも成形のし易い粘土を焼いて作ったものに変わり、ファイアンスは

釉薬を掛けた陶器の焼き物に変わっていった。そうなった時ファイアンスは単なるトルコ石の模倣品的なものとなったのである。

　さらに時代が下がると合成樹脂という物質が発明され、イミテーション作りはますます盛んになり、粉砕した石を樹脂で固めたり、粉にした石を着色材と共に樹脂で成型してトルコ石を模倣したものが多く作られている。さらにセラミクスの技術が大きく進歩すると、石に質感の近い様々なトルコ石のイミテーションが作り出される様になった。

# 歴史上で特筆すべきイミテーション

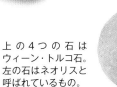

　時代が経過するにつれてトルコ・ブルーが信望の色から次第に外れると、トルコ・ブルーは宝飾品としてのカラーが強く現れてくる。

　1800年の中頃になり、ヨーロッパのマーケットに天然石と成分を近くした"人造トルコ石"というものが現れ、オーストリアのウィーンで作られたことから『ウィーン・トルコ石 Wien turquoise』と呼ばれた。科学の目で独自にトルコ石を再現したもので、燐酸

上の4つの石はウィーン・トルコ石。左の石はネオリスと呼ばれているもの。

アルミニウムと燐酸銅の粉末を混合してプレスして作られているが、完全にトルコ石そっくりではなかった。

　当時すでにその製造技術が流出してしまい、フランスやイギリスにも同様のものを作る工場がいくつかあったといわれている。

　その後1957年になると、今度は西ドイツで作られた『ネオリス Neolith』と呼ばれるものがマーケットに現れた。ウィーン・トルコ石を改良したものと見られ、「バイエライト Bayerite $Al(OH)_3$（バイエル石）」と燐酸銅の粉末を水中で沈澱させた後に圧縮・焼結という工程を組み合わせて作られている。この製品は「ネオライト」という名前でも呼ばれている。

　ネオリスもウィーン・トルコ石も、表面に塩酸を1滴垂らすと塩化銅が生じる為に鮮やかな緑色に発色するという特徴があるが、本物のトルコ石にはその様な現象は見られない。

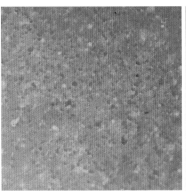 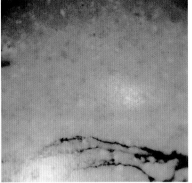

ウィーン・トルコ石（左）にもネオリス（右）にもそれを構成する粒子と、混合された青色の粒子が見える。

# イミテーション種類とその分類

イミテーションにはじつに様々なものがあり、本物を上回るほどに多くの数が作られている。トルコ石の外観をもつイミテーションを最も安価に作る方法はいくつかあり、もっとも普通に行われている方法は色のない石をブルーに着色することであるが、本項ではその種類を細分して著者の研究所で資料石として蒐集したものや、日常の鑑別業務でチェックしたものを取り上げて分類してある。

## ❶ 粉砕したトルコ石を原料として使用しているもの

トルコ石の粉末・微粒子・粉砕片を合成樹脂で固結したもので、4つのタイプがある。

### タイプ A：

トルコ石の粉末を無色の合成樹脂で成形したもので、本来の石の色よりもかなり明るいブルーになる。海外では『リコンストラクテッド・ターコイズ Reconstructed turquoise（再生トルコ石）』と呼ばれているが、日本ではこの用語は不適切として用いない。

合成樹脂で成形されているのは 100％トルコ石の粉末であるが、原料が高価なので、マーケットに流通する数は少ない。

### タイプ B：

トルコ石の微粒子や粉末を青色の合成樹脂で成形したもの。成形時にパイライトの小片を混ぜ込んで天然石に似せたものも作られており、中にはパイライトに見せかけて金属鋳物の粉砕片を混入しているものもある。

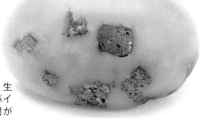

よく観察すると、生地と入れられたパイライトの間に隙間がある事がわかる。

### タイプ C：

トルコ石の粉砕片を無色や青色の合成樹脂で成形したもの。"加圧接着したトルコ石"という意味で『プレスド・ターコイズ Pressed turquoise』と呼ばれるが、このタイプの加工石で高度の技術で作られたものでは、破砕構造をもった天然石「ブレッチア・ターコイズ Breccia turquoise（角礫状トルコ石）」と誤認される事がある。

この成形石は、すでに青色の合成樹脂を含浸した処理石の残片を寄せ集めているので、隣り合う粒の色が異なり容易にそれとわかる。これらのタイプの模造石は、経時で合わせ目が外れたりヒビが入ったりする事がある。

### タイプ D：

トルコ石の粉砕片や粒（ノジュール）を無色の合成樹脂の中に点在させたもの。このタイプは「フォールス・マトリクス・ターコイズ False matrix turquoise（偽母岩付きトルコ石）」と呼ばれる。

この標本ではやや褐色の合成樹脂の中に球状体のトルコ石の原石と、それを産出した鉱床の母石の破片を入れて自然感を出している。今から 30 年ほど昔にアメリカで作られたもの。

## ❷ 粉砕したトルコ石に、別の鉱物や岩石を混合して原料としているもの

このタイプはいわゆる増量タイプとして作られるもので、ほとんどが含有されるトルコ石の堆積は少なく、"トルコ石含有"とされていても極端に少ないものがある。通常は大きなブロック体に作られ、彫刻用の素材として使われる事が多い。2つのタイプがある。

### タイプ E：

微粒子や粉末状にしたトルコ石に他の鉱物や岩石の粉末を加えて、青色の合成樹脂を使って成形したもの。マーケットに流通する数は多くない。

写真の標本は、粉末にした大理石（カルサイト・マーブル）で増量されたトルコ石の粉末を材料にして作られたもの。

### タイプ F：

トルコ石の粉砕片を他の鉱物粉末で増量して、青色の合成樹脂で成形したもの。精巧なイミテーションの中では2番目に多く作られているタイプである。

礫状のトルコ石片を他の鉱物粉末（この標本はギブサイト（ギブス石）を使っている）を混ぜた樹脂で固めて作られている。

## ❸ トルコ石ではない天然石を使って、加工処理を加えているもの

白色や淡色の塊状（massive）のトルコ石ではない鉱物や岩石を素材に使い染料着色や含浸などの加工をして外見をトルコ石の様にみせかけたもの。いわゆる"簡単に作ったニセモノ"である。使われる素材には、「ハウライト（ハウ石）」、「マグネサイト（菱苦土石 りょうくどせき）」、「アラバスター（雪花石膏 せっかせっこう）」、「ライムストーン（石灰岩 せっかいがん）」、「マーブル（結晶質石灰岩 けっしょうしつせっかいがん）」があり、中にはトルコ石と見紛うほどの処理品が多い。マーケットに出回ったのはハウライトに始まるが、今日のマーケットで見ることはほとんどなくなった。現在もっとも多く流通しているのはマグネサイトの着色品である。これら着色品を作る為の石材の選び方には、大きく2つのタイプがある。

### タイプ G：

トルコ石ではない原石を使って着色処理したもの。自然に産出したままの形状の原石を着色したもので、天然の色であるかの様に思わせる効果がある。原石の緻密さにもよるが、表層部から内部の浅い層程度の範囲だけが着色されている。

上段はマグネサイトのノジュールを着色したもの。一つおきにその断面を示す。石の緻密さの程度により、染料の浸透の程度が異なり、断面から着色の効果は中心にまで及んでいない事がわかる。表面のネット模様も着色したものである。
下段の1点は着色する前の原石。

### タイプ H：

カットした石に行われた着色処理。均質な石を研磨したものと、ネット構造をもつ石を研磨したものがある。

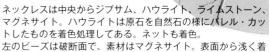

ネックレスは中央からジブサム、ハウライト、ライムストーン、マグネサイト。ハウライトは原石を自然石の様にバレル・カットしたものを着色処理してある。ネットも着色。
左のビーズは破断面で、素材はマグネサイト。表面から浅く着色した後で表面を無色の合成樹脂で覆って光沢を付けている。

※これらの G、H タイプのものは、経時で退色しやすい。

　トルコ石の色に着色した石といえば、かつてはアメリカのカリフォルニア州産のハウライトが定番であったが、1980年頃から巨大な鉱脈で産出する中国のマグネサイトが代わりに使われだした。マーケットでは『ハウライト・トルコ石』という誤称で流通したが、結果大きな混乱を引き起こした。しかし今ではその呼び方はようやくなりを潜め、正確に着色マグネサイトと呼ばれる様になった。

## ❹ トルコ石ではない天然石を粉砕して原料として使用しているもの

このタイプはトルコ石ではない別の安価な鉱物や岩石を材料に使用しているので、かなり安価に製造することができる。2通りの作り方がある。

### タイプ Ⅰ：

トルコ石ではない鉱物や岩石を粉末にして青色の合成樹脂の中に沈殿させて固めたもので、トルコ石らしく見える模造石中では一番多く作られているタイプである。

左の標本は、粉末を沈殿させて固めた青色の合成樹脂の入っている容器ごと縦に切断したもの。上方の無色から淡青色の部分は固化に使った合成樹脂。
沈殿させて作ったことが見てとれる。粉砕したパイライトも混入され、かなりリアルな出来で自然のトルコ石の様に見える。使われている粉体はカルサイトとバライトの混合体である。

### タイプ Ｊ：

トルコ石ではない鉱物や岩石の粉末と青色の顔料粉を混合し、合成樹脂で固結成形したもの。青色の合成樹脂を使って固めたものや、黒色金属粉を混ぜてネット模様を創作しているものもある。

上段の3点は成形に使った容器の形が見てとれる。原料の粉末は、カルサイトやマグネサイト、ドロマイトが単一または混合して使われている。手前の角形の成形体には、ネット模様を形成する目的で添加した黒色材が表面を覆っている。
下段の石には共に創作のネット模様が見られる。使われている粉末は、下段左が「カルサイト」、下段右が「サンプレアイト（サンプル石 $NaCaCu_5[Cl|(PO_4)_4]\cdot 5H_2O$）」。

## ❺ 特殊な材料を使用しているもの

このタイプは半天然品を原料に使ったもので、原料にトルコ石を使っていない為に価格的にはかなり安価に製造する事ができる。

### タイプ Ｋ：

金属鉱石を精錬する際に生じた「鉱宰 こうし（Furnace slag ファーニス・スラグ）」を原料に使い再形成して作ったもの。
スラグを粉砕し、脱色した後、着色して作る特殊なタイプのガラス製品で、『ファーニス・ストーン Furnace stone』という宝石名で呼ばれている。

左はアメリカのアリゾナ州の銅鉱山で作られたもので、脱色したスラグを再溶融して作られている。スラグ中の成分と添加した成分が反応して、白色の合成鉱物が星の様に点在している。
右は新日本製鉄がスラグから作ったロビンス・エッグ・ブルーのファーニス・ストーンという宝飾材。

## ❻ 人工素材を使ったもの

このグループもトルコ石を使っていないので原料の面では大量生産が可能である。

### タイプ L ：

セラミクスで作られるもの。
このタイプは原料が廉価であっても製造技術という部分が製品の価格に大きく反映され、商品としての価値を決定する。
セラミクス（窯業製品）はそれに使う原料から、「オールド・セラミクス」と「ファイン・セラミクス」に大きく2分され、前タイプには粘土を焼成して釉薬をかけた焼き物の模造品がある。より複雑な技法で作られた古代のファイアンスもこのタイプに区分される。写真は後タイプのファイン・セラミクスで、原料はアルミナ、スピネル、炭酸カルシウム等である。
※これらの中で炭酸カルシウムのセラミクスは、経時で変化を生じて粉をふく事がある。

左は「ギブサイト（ギブス石）」のパウダーで作られたファイン・セラミクス・カメオ、中央は「炭酸カルシウム（アラゴナイト）」のパウダーで作られたファイン・セラミクス（商品名はマリーセン）、右は「アルミナ（サファイア）」のパウダーで作られたファイン・セラミクス（商品名はリバティー・ストーン）。

### タイプ M ：

合成樹脂で作られるもの。
合成樹脂（プラスチック）はイミテーションをもっとも安価に作る事ができる素材で、時に過度のスタビライズ石に似ているものもあるが、決定的な特徴として比重が小さい為にかなり軽く、容易にニセモノと看破されてしまう。そこで内部に鉛を入れて比重を天然石に近づけたものが考案されて作られこともある。
※このタイプのものは樹脂という性質上硬度が低い為に、使用に耐えず表面が摩耗して光沢が失せやすい。

左は2種類の樹脂を混合することによりトルコ石をイメージして作られたもの。このような模造品は、玩具や安価なアクセサリーに使われることが多い。
右は鉛を入れて重量を天然石に近づけた製品の切断面。

※以上のイミテーションの中で、製造する工程の内容から、タイプABEFIJを「プラスチック・ボンド」、タイプGとHを「ダイド・ストーン（Dyed stone）」と呼んで分類している。

### タイプ N ：

ガラスで作られるもの。
このタイプも廉価で製造でき、プラスチック製品の様に玩具や安価なアクセサリーに使われることが多く、海外ではプラスチック製品と共に「コスチューム・ジュエリー Costume jewellery」を飾った。かつての日本（大正後期から昭和前期）ではかなり多く作られた。材料の性質から脈理（swirl striae スワール・ストライエ）や気泡（bubble バブル）が生じて識別し易く、安価なガラスに見られる［鋳型マーク Mold mark モールド・マーク］や、大量生産した為に現れる［鋳型の合わせ目］が見られるのも識別ポイントのひとつである。
中には質感を重視して作られた特殊なタイプの装飾ガラスである『イイモリ（飯盛）・ストーン』もある。

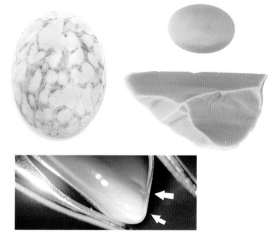

上段左は2種類のガラス材を混合して作られたもので、ネット・トルコ石をイメージしている。右は坩堝中で作られた原石とそのカット石。底部と側面に容器の一部が残る。
下（矢印部）はガラス製品に見られる鋳型マーク。クラウン部とパビリオン部を合わせた鋳型に注入して製造するところから、冷却の際にこの様な状態になる。

# VIII：トルコ石の類似石

鑑別の世界では外観が良く似ている別種類の天然起源の石を類似石と呼ぶが、
その要件には、水色からやや緑がかった色で不透明体という2つのものがある。

## ▶ アマゾナイト Amazonite（天河石）

| 成分 | K[AlSi₃O₈] | | | | |

成分 $K[AlSi_3O_8]$

硬度 6〜6.5　屈折率 1.52〜1.53　比重 2.56〜2.58

マイクロクライン（微斜長石）の青色の宝石
変種をいう。

### 目視による識別法
通常のアマゾナイトでは特徴的にパー
サイト構造と呼ぶ白色の縞状層があり、
緑がかったブルーの色との組み合わせ
で容易にアマゾナイトとわかる。稀に
白色の層が目立たなく青みの強い無地
のものがあり、透明感を感じる（半亜透
明な）トルコ石に似るが、ルーペで観察
するとトルコ石には存在しない平行な微細
な層構造が確認できる。

## ▶ アラゴナイト Aragonite（霰石）

成分 $Ca[CO_3]$

硬度 3.5〜4　屈折率 1.53〜1.68　比重 2.93〜2.95

カルサイトと同質異像の鉱物。低い硬度と、
酸液で激しく発泡して溶ける点はカルサ
イトと同じ。

### 目視による識別法
トルコ石の緻密な不透明体とは異な
り、ルーペで観察すると粗いガラス
感のある組織が確認できる。ブルー
の染料で着色されているものがあ
り、その様なものでは組織間には青
色の沈殿が確認される。

## ▶ カルサイト Calcite（方解石）

成分 $Ca[CO_3]$

硬度 3　屈折率 1.49〜1.66　比重 2.69〜2.82

アラゴナイトと同質異像の鉱物で、低い硬度と、酸液で激
しく発泡して溶ける点はアラゴナイトと同じ。

### 目視による識別法
組織をルーペで観察すると、カルサ
イトの項で書いた様なトルコ石と
の違いがわかる。ただしこの検査
でアラゴナイトと区別する事は
難しい。

## ▶ オドントライト Odontolite（歯玉石 または 歯トルコ石）

成分 $Ca_5[OH|(PO_4)_3] + Fe^{2+}{}_3(PO)_4]_2 \cdot 8H_2O$

硬度 3　屈折率 1.54　比重 1.80〜2.10

動物の歯や骨の化石の組織の中に染み込んだビビアナイト（藍鉄鉱）がその色の原因
となっている。本来は縁黒色であるが、加熱処理する事によりトルコ石の色に変化する。

### 目視による識別法
生物由来の牙や骨の組織が見える。別名で「ボーン・トルコ石（骨
トルコ石）」とも呼ばれる。ボン・トルコ石と呼ぶものは、過
剰に樹脂を含浸透させたスタビライズド・トルコ石の事である
ので注意を要する。

## ▶クリソコーラ Chrysocolla（珪孔雀石 けいくじゃくせき）

成分 $Cu_4H_4[(OH)_8|Si_4O_{10}]\cdot nH_2O$

硬度 2〜4　屈折率 1.46〜1.57　比重 2.8〜3.2

珪酸成分を含む銅の含水二次鉱物で、他の銅の二次鉱物を伴ってカラフルな状態で産出する事が多い。結晶度が低い鉱物で、構造分析で困難を伴う事が多い。単独で産出されるものは性質が脆く、保存中にヒビが入りやすい。

### 目視による識別法

色調の面ではトルコ石にもっともよく似ている。通常のものは特徴的に吸水性が強くて脆い為に、トルコ石同様スタビライズ処理が加えられて流通している。その為ますますトルコ石に似る。また含浸処理を加えていない石の中には、未処理の石に酷似するものもあり、目視での区別はほぼ無理である。

## ▶ミニュライト Minyulite（ミニュロ石 せき）

成分 $KAl_2[(F,OH)|(PO_4)_2]\cdot 4H_2O$

硬度 3.5　屈折率 1.53〜1.54　比重 2.46

1933年に、オーストラリアで海緑石質燐酸塩鉱床中から発見されたトルコ・ブルーの鉱物。

### 目視による識別法

いくぶんグリーンがかった淡いブルーのトルコ石に酷似していて、宝石のコレクターによって研磨された記録はあるが、現実に商品として流通した記録はない。同色のトルコ石との目視での区別はほぼ無理である。

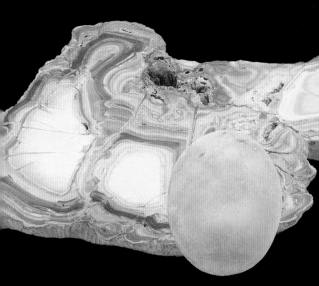

## ▶バリサイト Variscite（バリシア石 せき）

成分 $Al[PO_4]\cdot 2H_2O$

硬度 3.5〜4.5　屈折率 1.56〜1.59　比重 2.20〜2.57

トルコ石と同様の形成状態で産出する鉱物である為、質感はトルコ石に酷似する。色合いはグリーンがかったトルコ石やファウスタイト、カルコシデライトに似て、目視では区別できない。したがって鉱物学が完成していない時代にはトルコ石との明確な区別が付つかず、「ユタ・トルコ石」というフォールス・ネームで呼ばれた。さらにはブルーが強い石ではターコイズにあやかり「バリコイス Variquoise」という名前までもが付けられた。

### 目視による識別法

フォールス・ネームの割には、トルコ石のブルーとは異なっていて、それよりも更にグリーンが強い。完全にグリーンの石もあり、縞模様を見せる石もある。

## ▶セルレアイト Ceruleite（セルレ石 せき または 擬 ぎ トルコ石）

成分 $Cu^{2+}_2 + Al_7[(OH)_{13}|(AsO_4)_4]\cdot 12H_2O$

硬度 2〜2.5　屈折率 1.60　比重 2.70

1976年に、ボリビアとチリからほぼ同時に宝石市場に現れた。ラテン語で"青い色"を意味する coeruleus から、コールレアイトとも呼ばれたが、その後はほとんど市場では見かけなくなった。

### 目視による識別法

俗に、着色処理を施したトルコ石に似ているといわれるが、見慣れるほど着色されたトルコ石には似ていない事がわかる。トルコ石よりも組織が粗く、異質のブルーである。

## ▶スミソナイト Smithonite（菱亜鉛鉱 りょうあえんこう）

**成分** $Zn[CO_3]$

**硬度** 4〜4.5　**屈折率** 1.62〜1.85　**比重** 3.98〜4.43

多種類の金属イオンを含む事によりカラフルな色の変種をもつ鉱物で、銅イオンを含むとトルコ石の様なブルーやグリーンがかった青色になる。キャンディ・カラーの表現が似合う色調の宝石である。

**目視による識別法**
半亜透明（微妙な透明感）なタイプのトルコ石よりもさらに透明感が高い。ガラス光沢を有する強いブルーで、トルコ石とは完全に質感が異なる。

## ▶ヘミモルファイト Hemimorphite（異極鉱 いきょくこう）

**成分** $Zn_4[(OH)_2|Si_2O_7]\cdot H_2O$

**硬度** 4.5〜5　**屈折率** 1.61〜1.64　**比重** 3.35〜3.50

ブルー1色のものはトルコ石に似る事があるが、多くの場合はスミソナイトと互層になっているものが多い。濃色のブルーがヘミモルファイトで、淡色のブルーがスミソナイトである。しかしその様なタイプの石ではトルコ石をイメージしない。

**目視による識別法**
スミソナイトもヘミモルファイトも共にトルコ石と比較すると透明度があり過ぎるが、こちらの方がよりガラス感がある。

## ▶クランダライト Crandallite（クランダル石 せき または 擬ウェイベル石 ぎ せき (Pseudowavellite)）

**成分** $CaAl_3[(OH)_6|PO_3OH|PO_4]$

**硬度** 5　**屈折率** 1.60　**比重** 2.78〜2.92

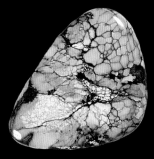

バリサイトの団塊中に稀に形成される燐酸塩鉱物に関与して生じる鉱物であり、通常は白色で産出される。時に銅イオンを含んでブルーとなる石があり、その様なものではトルコ石に似る。しかし通常はクランダライトとはわからず、低質のトルコ石と判別されて流通している。また最近ではホワイト・バッファロー・ターコイズとして鑑別に持ち込まれる事もある。

**目視による識別法**
固有の外見を持たない鉱物なので、ブルーの色をしている場合は、目視でそれと識別するのは難しい。

## ▶プロソパイト Prosopite（和名も プロソパイト）

**成分** $Ca[Al_2F_4(OH)_4]$

**硬度** 4.5　**屈折率** 1.50　**比重** 2.88

通常は白色や灰色の石で、1976年にメキシコのサカテカス州から宝石市場に現れた石は、銅イオンを含んでトルコ石ブルーを呈していた。

**目視による識別法**
外観、質感共に未処理のトルコ石に酷似している。もっとも多く見られるのが小さな粒状の集合塊（葡萄状）で、トルコ石にも同様の形状を見せるものがあるので目視による双方の識別は不可能である。

## ▶ペクトライト Pectolite（ソーダ珪灰石 けいかいせき または 曹灰針石 そうかいしんせき）

**成分** $NaCa_2[Si_3O_8OH]$

**硬度** 4.5〜5　**屈折率** 1.60　**比重** 2.74〜2.88

通常は白色から灰色がかった鉱物で、1974年にドミニカ共和国で発見されたブルーの石にラリマール（英語の発音ではラリマー）の名が付けられ流通する。

**目視による識別法**
ほとんどの石ではブルーとホワイトの網目模様を呈するのが特徴。産出は少ないがその網目構造が見られない完全にブルー1色の石がある。その様な石でもルーペで観察すると、ネットの様な色むらが観察される。

# トルコ石の名称辞典

トルコ石は古くから特別な宝石であり、宝石としての歴史が長いだけに、常にその名前が借用されてきた。いわゆる“名前借り”である。空色であるだけでトルコ石という名称が使われ、さらには着色された挙句にその名前が使われてきた。ここには、それらの中から流通上でよく知られた偽称や、耳にする名称を挙げてある。

|  |  |
| --- | --- |
| 亜トルコ石 | ブルーに着色したハウライトの誤称。亜は“・・・に次ぐ”という意味だが、トルコ石ではないと知って付けられた名称。着色だと知った上でも宝石のイメージを重視して、この様な誤称を使った時代があった。 |
| 飯盛トルコ石 | 飯盛研究所で作られたセラミクスの商品名。「イイモリ・ターコイズ」ともいう。飯盛里安（いいもりさとやす）博士が特殊な製造法で創成した一連の人造ガラスの中のターコイズ・カラー・バージョンである。 |
| ウィーン・トルコ石 (p.62 参照) | ウィーン・ターコイズともいい、模造トルコ石の一部のものに対する呼称である。“ウィーン風トルコ石”という意味で呼ばれたもので、「ネオリス（オレイン酸銅で着色したBayerite（ベイエライト）と燐酸アルミニウムの混合物）」がそれに相当する。 |
| オクシデンタル・ターコイズ | ボーン・ターコイズと同義の呼称。オクシデンタルは“西洋”の意。 |
| オドントライト・ターコイズ (p.67 参照) | 和名は「歯トルコ石（歯玉石 しぎょくせき）」。かつて南フランスのオドントから大量に採掘されたので「オドントライト」という名もある。<br>動物の歯や骨の化石に「ビビアナイト Vivianite（藍鉄鉱 らんてっこう）」が鉱染したもので、写真からその組織が見てとれる。厚く形成された緑色の部位を切り出して加熱処理するとトルコ石に似たブルーに変化する。 |
| オリエンタル・ターコイズ | ロック・トルコ石（本トルコ石）の事。東洋方面からヨーロッパに伝わった事に由来する名称。 |
| 台湾トルコ石 | クリソコーラに対する誤称。 |
| ホワイト・ターコイズ | フル・ネームでは「ホワイト・バッファロー・ターコイズ」というが、トルコ石とは無関係で、出典不明の名称である。分析すると複数のものがあり、カルサイト、アラゴナイト、その2種の混在したもの、クランダルライト（成分 $CaAl_3[(OH)_6|PO_3OH|PO_4]$）、等があるが、その産状形態がトルコ石を思わせる事からトルコ石にあやかって名づけたのではないか。さらにはそれらを青色に着色したものが作られる様になっている。 |
| ボントルコ（石） | 合成樹脂含浸処理（スタビライズド）のトルコ石に対して日本だけで使われている誤った呼称であるが、次のボーン・トルコの呼び名と混同して使われる事がある。 |
| ボーン・トルコ（石） | 本来がオドントライトの別称で、ロック・トルコ石に対して使われる素材に視点を置いた名前である。ボーン・ターコイズともいう。また、合成樹脂を含浸処理したトルコ石（スタビライズド・ターコイズ）に対して、かつての日本で多く使われた誤称でもある。 |
| ユタ・トルコ（石） | バリサイトに対する誤称で、ユタ・トルコ石、ユタ・ターコイズともいう。 |
| ハウライト・トルコ（石） | アメリカ カリフォルニア州産のハウライトをブルーに着色したもの。1970年頃に流通したが、原石の枯渇に伴い中国の遼寧省で採掘されるマグネサイト（世界の85%の埋蔵量がある）がその代用に使われる様になった。 |
| マグネサイト・トルコ（石） | マグネサイトをブルーに着色したものをいう。出現当初はハウライト・トルコと誤称されて流通した。 |

# IX:トルコ石を使った宝飾品

かつてトルコ石が権力者の占有物だった時代とは違って多くの人々のものになった時、時間差を待たずして天然品だけでなく、処理石さらには模造石までもがジュエリーのパーツとして使われ、トルコ石は私たちにとってかなり身近なものとなった。

## IX-1 トルコ石を使った作品例

80年代の終わりごろに中国で使われていた壁掛け飾り。チベット辺りの民族の作ったもので、オオイソバナ・サンゴ、水牛の角、大理石、赤メノウが銀で飾られている。

近代にネパールの民族により作られた銀の指環とペンダント。使われているのは中国産のネット・トルコ石。

トルコ石の粒をはめ込んでイランで作られた調度品。宮廷品を真似て作られたものだが、金の様に見える金属は黄銅（真鍮）である。

いわゆるインディアン・ジュエリーで、使われているのはネバダ州ローンマウンテン産のネット・トルコ石。作者は K.Abeita で現代の名工と呼ばれる。石の研磨も銀細工も同人である。

中国産の原石で中国で彫られた置物。後ろの2点は特徴的に緑がかっている。

## Ⅸ-2 他の宝石と組み合わせている作品例

アメリカに亡命したロシア人のニコライ・メドベーデフの手になる宝石細工。
中央はオパール、外に向けてラピス・ラズリ、マラカイト、カショロン（白色のオパール）、アジュライト、トルコ石を張り付けて幾何学的な構図を表現している。

## Ⅸ-3 イミテーションを使用している作品例

昭和35年頃に日本で作られた、ガラス製宝石のブローチ。

腕時計用のブレスレット。素材はギブサイトを青色樹脂で固めた模造石。パイライトに似せた金属片が混入されている。

使われているカラー・ストーンのすべてが色付きの合成樹脂を使って作られたもの。トルコ石の部分は樹脂にカルサイトの粉末が混入されている。

文字盤に使われているのはブレスド・ターコイズ

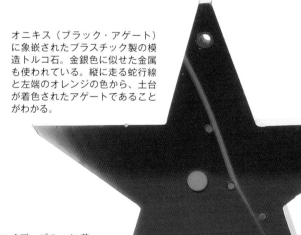

オニキス（ブラック・アゲート）に象嵌されたプラスチック製の模造トルコ石。金銀色に似せた金属も使われている。縦に走る蛇行線と左端のオレンジの色から、土台が着色されたアゲートであることがわかる。

ターコイズ・ブルーに着色された狛犬の彫刻。世界でも有数の中国、北京の骨董街「琉璃廠（ルーリーチャン）」でイラン産のトルコ石として売られていたもの。

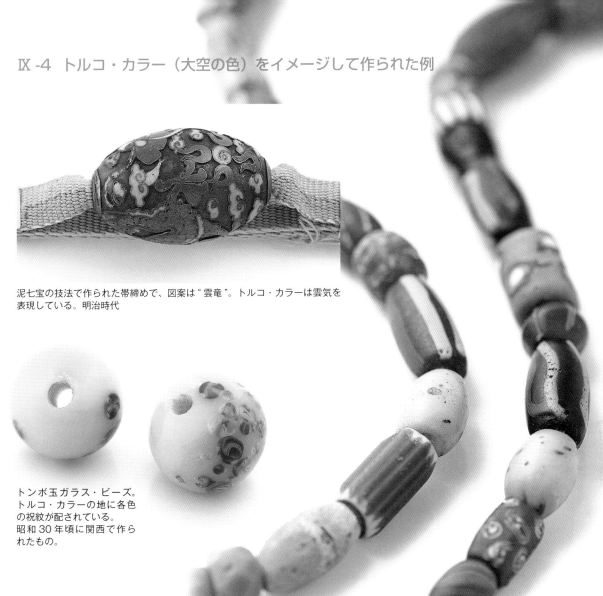

泥七宝の技法で作られた帯締めで、図案は“雲竜”。トルコ・カラーは雲気を
表現している。明治時代

トンボ玉ガラス・ビーズ。
トルコ・カラーの地に各色
の祝紋が配されている。
昭和30年頃に関西で作ら
れたもの。

オリーブ形・円筒形・算盤玉形のトンボ
玉ガラス連。17世紀から19世紀のベネ
チアやオランダで作られたもの。

北海道のアイヌ民族が使った、通称「アイ
ヌ玉」。部族の宝として伝世してきたもので、
18世紀に大阪で作られて運ばれたもの。

# X：トルコ石の鑑別

我々民間の宝石の鑑別機関に検査の目的で持ち込まれるトルコ石は、宝飾品になったものばかりでなく、裸石（ルース）、時にはその原石までもが鑑別依頼される。当然のことそれを処理加工したものや、そっくりな石、さらにはニセモノにまで及ぶ。我々鑑別家は、持ち込まれたものをそれぞれの知識と経験の下に分析して、"鑑別書という用紙"の上にその結果を記載する。
そこで本項では、鑑別を依頼された商品をどの様な手順と方法でチェックして識別していくのかを紹介する。

## ▶顕微鏡観察を行う

トルコ石の宝飾品に限ったことではないが、まず第一に行うことは顕微鏡（ルーペも併用して）で隅々の観察を行う。石の状態や貴金属の状態、さらには脇石の欠落などを確認するが、経験の目もあり、じつはこの段階でその石のあらかたの内容を知ることができ、後の検査の方針を立てる。

## ▶硬度測定を行う

この検査法は原石の場合にその形状によって行なう事もあるが、研磨された石に対しては行なわない。（モース）硬度計を使う検査はサンプルに傷を付けるということで、一種の破壊検査となるからである。また合成樹脂や他の浸透物質を使った処理石、コーティング処理されたトルコ石では正確な測定データを得ることができない。したがって通常範囲の鑑別作業ではすべての場合に於いてこの測定方法は行わない。

## ▶屈折率測定を行なう

通常では反射型のプリズム屈折計を使い、589.3nmのナトリウム光で数値を計測する。
測定する石の多孔質性が大きく、ワックスの塗装や未処理石の場合には測定に使う屈折測定液が検査石に染み込むことがあるので行なえない。しかし樹脂含浸等を加えて多孔質性を改良してある石（スタビライズド・ストーン）ならば測定が行なえる。
その場合計測した宝石がトルコ石ならば1.61～1.65の範囲の数値が読み取れる。その数値が結晶に於いて測定された数値といくぶんズレるのは、トルコ石が集合体の形をとっているからである。
トルコ石が着色されていたり、石に加えられている処理の内容によっては数値は最小値に近付き、反対にトルコ石が変種に近い場合にはその最大値よりも高くなることがある。

## ▶比重測定を行なう

　基本的にリング等の飾り枠にファッション加工されているものでは行うことができない検査法である。トルコ石の比重（密度）は通常 2.40 ～ 2.85 の範囲にあるが、産地（形成された場所）によって少しずつ異なる傾向にある。

　代表的なヨーロッパとアメリカ産のトルコ石を比較してみると、イランとシナイ半島で形成されたトルコ石は 2.75 ～ 2.85 の範囲にあって、良質なイラン産の石は平均で 2.79、エジプト産の石は平均 2.81 の範疇に収まり、アメリカ産のトルコ石では 2.60 ～ 2.70 の範囲にある。この数値の差はアメリカ産のトルコ石の多孔質性が大きい事に原因があるが、その測定数値から他国産のトルコ石と比較して脱水性と吸水性が大きいことがわかる。

## ▶蛍光検査を行なう

　鑑別の現場では、検査石に長波の紫外線（波長 365nm）と短波の紫外線（253.6nm）を照射して、発光の仕方で識別を行う。

　本来トルコ石は蛍光を発しないが、粒子間を埋めている天然の物質によってはごく弱いすみれ色の蛍光を発する場合もある。その様な原石に人為的に含浸等の処理を加えた場合には、長波の紫外線の照射下で発光する様になる。その蛍光色（発光の色）は処理の内容により異なるが、ザカリー方式で処理された石ではほとんど蛍光を発しない。

| 石の種類 | 通常光で撮影 | 長波紫外線を照射して撮影 |
|---|---|---|
| ▶処理を加えていないトルコ石（表面と破断面を示す） | | 処理を加えていない石はほとんど蛍光を発しない |
| ▶表面からワックスを塗布したトルコ石 | | ワックスが染み込んだ部分が青色に発光している |
| ▶左からワックス塗布石、無色樹脂含浸処理石、有色樹脂含浸処理石、ザカリー処理石 | | ワックスの蛍光よりも樹脂の蛍光の方が強い傾向にある。有色樹脂含浸処理石の方は、無色樹脂の場合よりも青味が強く出ているのがわかる。ザカリー処理石ではほとんど蛍光を発していない |
| ▶未処理石からザカリー処理石まで、各種の処理石が混ぜられた連 | | 紫外線を照射することにより、未処理から処理された石まで複数種のものが混ぜられていることがわかる |

## ▶機器分析を行う〜分光光度計による分析

　古くは、直視型の分光器（分光機能をもつ部品を内蔵したハンディ・タイプの機種）を使って、硫酸銅の溶液を通した光を資料石に当てて目視で銅イオンの確認（432nmの強い吸収線と460nm付近の弱い吸収線）を行っていた。その後はブルーのフィルターを通した光で分光測定を行ったが、1940年代になり一般使用の自記分光光度計が製品化されて精度の高い分析が行える様になった。

## ●トルコ石の鑑別では、主に次の2つのタイプの機器を使用して分析を行う

### 【1 紫外 - 可視分光光度計で測定する】

キセノン・フラッシュランプを光源とする測定器で、200 − 380nmの紫外領域と380 − 780nmの可視領域の波長を測定する。トルコ石の場合不透明体の試料を測定するので、特別な目的がない限り反射モードで行い、光の波長ごとの吸光度をプロットした吸収スペクトルを得る。
この分析法で試料に含まれているイオンや色の状態を特定できるので、着色の有無も解析できる。

### 【2 赤外線分光光度計で測定する】

赤外線は物質の構造に固有の吸収のされ方をするので、それを試料に当てて構造を解析する分析法。[フーリエ変換赤外分光光度計（通常ではFT-IRという）]を使用し、宝石種の特定や含浸物の構造を解析している。
かつては顕微鏡で観察しながら石の目立たない部分に加熱プローブ（Probe ／半田ごての様なもの）を近づけて、含浸処理に使われたオイル、ワックス、プラスチックに生じる熱反応を観察して処理が行われている証拠を確認していた。

《トルコ石》

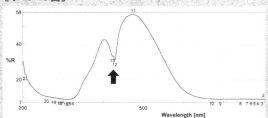

矢印部がトルコ石による特有のピーク

《トルコ石（着色処理）》

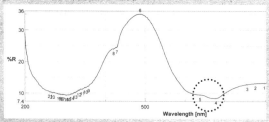

波線丸で囲んだ部分が染色による吸収

《マグネサイト（着色処理）》

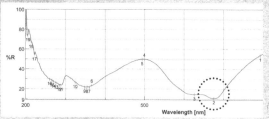

波線丸で囲んだ部分が染色による吸収

《トルコ石》

《トルコ石（ワックス含浸処理）》

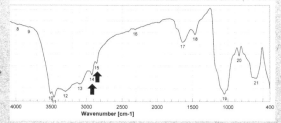

矢印部がワックスに特有のピーク

《トルコ石（合成樹脂含浸）》

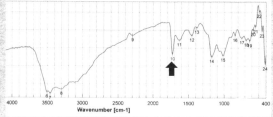

矢印部が合成樹脂のピーク

### ▶拡大検査を行う

　これまでの検査により得たデータを資料にしてより詳細に石の観察を行い、この時点で、着色の有無、含浸物の有無、プレスなどの改変物か、イミテーションなのかを確認して鑑別結果に結びつける。

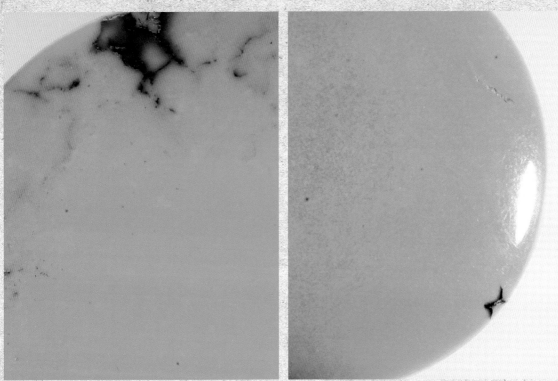

どちらも 20 倍の実体顕微鏡で撮影したもの。左は組織（微粒子状のトルコ石）が細かい石。右は組織の粗いもの。

組織の隙間に着色に使った青色の合成樹脂溜まりが見える。

市場で実際に使われている言葉を調べる場合を想定し、
フォールスネームの名前についても、一部収録しています。

最後に ───────

宝石本シリーズの第3弾としてトルコ石をテーマに取り上げたが、上梓するに当たり改めて思うところが
あった。
私が宝石の鑑別という世界に入ったのは昭和50年だったが、私たち日本人にとっては身近にない宝石で
あり、当時トルコ石に興味をもっている鑑別家はただの一人もいなかった。故合って入った世界であるが、
トルコ石を知ろうとしても専門の本もなく、各地で開かれるミネラル・ショーや、ネットを通して誰でも
が海外から容易に宝石や鉱物を入手できる時代ではなかった。そんな時に知り合ったのが熊谷はる子とい
う人だった。氏はその時すでにアメリカ大陸のトルコ石を系統立てて収集、イランや中国にまで及んでい
た。おかげで、p.48、49の小図鑑にある様に当時にあってトルコ石のイメージが容易に見通せたのである。
氏のコレクションのすべては今私の研究所にある。もしこの経緯がなかったらこの本はまるで違った内容
になっていたと思う。この内容に導いてくれた熊谷さんには、感謝と共にこの本を捧げます。
令和2年春の良き日に。

## 著者紹介

日本彩珠宝石研究所所長。1950年生まれ。1971年今吉隆治に参画「日本彩珠研究所」の設立に寄与。日本産宝石鉱物
や飾り石の世界への普及を行う。この間、宝石の放射線着色や加熱による色の改良、オパールの合成、真珠の養殖など
の研究を行う。1985年宝石製造業、鑑別機関に勤務後「日本彩珠宝石研究所」を設立。崎川範行、田賀井秀夫が参画。
新しいタイプの宝石の鑑別機関として始動。2001年日本の宝石文化を後世に伝える宝石宝飾資料館を作ることを最終
目的とし、「宝飾文化を造る会」を設立。現在同会会長。2006年天然石検定協議会の会長に就任。終始"宝石は品質を
みて取り扱うことを重視すべき"を一貫のテーマとした教育を行い、"収集と分類は宝飾の文化を考える最大の資料なり"
として収集した飯田コレクションを、現在同研究所の小資料館に収蔵。

【日本彩珠宝石研究所】〒110-0005 東京都台東区上野5-11-7 司宝ビル2F
TEL.03-3834-3468 FAX.03-3834-3469 　saiju@smile.ocn.ne.jp　http://www.saijuhouseki.com

### 宝石のほん シリーズ vol.03 トルコ石 とるこいし

2020年7月26日 第1刷 発刊

| | |
|---|---|
| 著　者 | 飯田 孝一（日本彩珠宝石研究所 所長） |
| 写　真 | イジュン |
| デザイン | シマノノノ |
| 編　集 | 島野 聡子 |
| 発行人 | 浅井 潤一 |
| 発行所 | 株式会社 亥辰舎 |

〒612-8438 京都市伏見区深草フチ町1-3
TEL.075-644-8141　FAX.075-644-5225
http://www.ishinsha.com

印刷所　　土山印刷株式会社

定価はカバーに表示しています。
ISBN978-4-904850-90-9　C1040

写真提供

p.4-5　Cortyn/shutterstock.com
p.6　givaga/shutterstock.com
p.7 上　MykReeve
p.8 上　Vladimir Korostyshevskiy/shutterstock.com
p.9　Kris Wiktor/shutterstock.com
p.10　Sanit Fuangnakhon/shutterstock.com
p.12　Mistervlad/shutterstock.com
p.13　len4foto/shutterstock.com
p.14　Hajor
p.16　Reid Dalland/shutterstock.com
p.47 上左　Mdf
p.47 上右　John E Heintz Jr/shutterstock.com